Alexander Racz

Die kathodische Sauerstoffreduktion

Alexander Racz

Die kathodische Sauerstoffreduktion

Katalysatoren für Direktmethanol-Brennstoffzellen

Südwestdeutscher Verlag für Hochschulschriften

Impressum/Imprint (nur für Deutschland/only for Germany)
Bibliografische Information der Deutschen Nationalbibliothek: Die Deutsche Nationalbibliothek verzeichnet diese Publikation in der Deutschen Nationalbibliografie; detaillierte bibliografische Daten sind im Internet über http://dnb.d-nb.de abrufbar.
Alle in diesem Buch genannten Marken und Produktnamen unterliegen warenzeichen-, marken- oder patentrechtlichem Schutz bzw. sind Warenzeichen oder eingetragene Warenzeichen der jeweiligen Inhaber. Die Wiedergabe von Marken, Produktnamen, Gebrauchsnamen, Handelsnamen, Warenbezeichnungen u.s.w. in diesem Werk berechtigt auch ohne besondere Kennzeichnung nicht zu der Annahme, dass solche Namen im Sinne der Warenzeichen- und Markenschutzgesetzgebung als frei zu betrachten wären und daher von jedermann benutzt werden dürften.

Verlag: Südwestdeutscher Verlag für Hochschulschriften GmbH & Co. KG
Dudweiler Landstr. 99, 66123 Saarbrücken, Deutschland
Telefon +49 681 37 20 271-1, Telefax +49 681 37 20 271-0
Email: info@svh-verlag.de

Zugl.: München, TU, Diss., 2011

Herstellung in Deutschland:
Schaltungsdienst Lange o.H.G., Berlin
Books on Demand GmbH, Norderstedt
Reha GmbH, Saarbrücken
Amazon Distribution GmbH, Leipzig
ISBN: 978-3-8381-2869-6

Imprint (only for USA, GB)
Bibliographic information published by the Deutsche Nationalbibliothek: The Deutsche Nationalbibliothek lists this publication in the Deutsche Nationalbibliografie; detailed bibliographic data are available in the Internet at http://dnb.d-nb.de.
Any brand names and product names mentioned in this book are subject to trademark, brand or patent protection and are trademarks or registered trademarks of their respective holders. The use of brand names, product names, common names, trade names, product descriptions etc. even without a particular marking in this works is in no way to be construed to mean that such names may be regarded as unrestricted in respect of trademark and brand protection legislation and could thus be used by anyone.

Publisher: Südwestdeutscher Verlag für Hochschulschriften GmbH & Co. KG
Dudweiler Landstr. 99, 66123 Saarbrücken, Germany
Phone +49 681 37 20 271-1, Fax +49 681 37 20 271-0
Email: info@svh-verlag.de

Printed in the U.S.A.
Printed in the U.K. by (see last page)
ISBN: 978-3-8381-2869-6

Copyright © 2011 by the author and Südwestdeutscher Verlag für Hochschulschriften GmbH & Co. KG and licensors
All rights reserved. Saarbrücken 2011

Inhaltsverzeichnis

1	**Einleitung**	**4**
1.1	Der Weg in ein neues Energiezeitalter	4
1.2	Brennstoffzellen als effiziente elektrochemische und verbrennungsfreie Energiewandler	7
1.3	Herausforderungen an eine zukünftige DMFC-Technologie	12
1.4	Platin und Rutheniumselenid: Elektrokatalysatoren für die kathodische Sauerstoffreduktion in Brennstoffzellen	13
1.4.1	Platin-basierte Katalysatoren	14
1.4.2	Platin-freie Katalysatoren	17
1.5	Die Sauerstoffreduktion in sauren Elektrolyten: Modelle für den Mechanismus und Evaluierung von Geschwindigkeitskonstanten	20
1.5.1	Die rotierende Ring-Scheiben-Elektrode (RRDE) zur Ermittlung von Geschwindigkeitskonstanten	24
1.6	Motivation und Ziele	30
2	**Experimenteller Teil und Aufbau der Versuche**	**31**
2.1	Verwendete Chemikalien und Trägermaterialien	31
2.2	Aufbau mit KPG-Rührer	32
2.3	Aufbau mit Mikromischern	33
2.4	Elektrochemische Zelle zur Bestimmung der aktiven Katalysator-Oberflächen	34
2.5	RDE und RRDE	35
2.5.1	RRDE Aufbau und Messmethodik	35
2.5.2	RDE Aufbau und Messmethodik	37
2.6	Berechnung des Diffusionspotenzials	38
2.7	Transmissionselektronenmikroskop (TEM)	38

3	**Synthesen von RuSe$_x$ – Katalysatoren**	**40**
3.1	Vulcan und CNF-PL als Kohlenstoff-Trägermaterial	40
3.2	RuSe$_x$ – Synthesen mit Vulcan	43
3.3	RuSe$_x$ – Synthesen mit CNF-PL	45
4	**Physikalische und strukturelle Charakterisierung der Katalysatoren**	**46**
4.1	Ergebnisse der TEM/TEM-EDX und SEM-EDX Untersuchungen	47
4.1.1	Synthetisierte Katalysatoren mit Vulcan als Trägermaterial	49
4.1.2	Kommerzielle Pt/C und Ru/C Katalysatoren	55
4.1.3	Katalysatoren mit CNF-PL als Trägermaterial	59
4.2	XRD Messungen	66
4.3	XPS und TPR Messungen an RuSe$_x$/C	68
5	**Bestimmungen der aktiven Oberflächen von Katalysatoren**	**69**
5.1	Wasserstoff Unterpotenzialabscheidung (H-upd)	70
5.2	Kupfer Unterpotenzialabscheidung (Cu-upd)	73
5.3	*CO Stripping*	80
5.4	TEM *Advanced image processing*	83
5.5	Ergebnisse der Oberflächenbestimmungen	84
6	**Elektrochemische Aktivitäten von Katalysatoren für die kathodische Sauerstoffreduktion in Brennstoffzellen**	**90**
6.1	Korrekturen des Spannungsabfalls	90
6.2	RDE Messungen: Sauerstoffreduktion in 0,5 M H$_2$SO$_4$	91
6.3	RRDE Messungen: Sauerstoffreduktion in 0,5 M H$_2$SO$_4$ und 0,5 M HClO$_4$	95

6.3.1	Ermittlung des Übertragungsverhältnisses N der RRDE Elektrode	96
6.3.2	Berechnung der H_2O_2 Bildungsraten und der Zahl ausgetauschter Elektronen	97
6.3.3	RRDE Messungen auf Vulcan-geträgerten Katalysatoren	98
6.3.4	RRDE Messungen auf Carbon Nanofasern-geträgerten Katalysatoren	120
6.3.5	Vergleiche der Aktivitäten der Katalysatoren in 0,5 M H_2SO_4	133
6.4	Berechnung von Geschwindigkeitskonstanten anhand einfacher Modelle der Sauerstoffreduktion	138

7 Diskussion 145

7.1	Synthesen und strukturelle Charakterisierung der verwendeten Katalysatoren	147
7.2	Bestimmungen der aktiven Oberflächen von Katalysatoren	150
7.3	Elektrochemische Aktivitäten von Katalysatoren für die kathodische Sauerstoffreduktion in Brennstoffzellen	154

8 Zusammenfassung 155

9 Referenzen 167

1 Einleitung

1.1 Der Weg in ein neues Energiezeitalter

Am 1. Januar 2007 traten Bulgarien und Rumänien der Europäischen Union (EU) bei, die Zahl der Mitgliedsstaaten der Union erhöhte sich damit auf 27, die Zahl der Einwohner auf knapp 500 Millionen [1]. Somit ist die EU nach den USA der weltweit zweitgrößte Energiemarkt.

Energie, die physikalisch definiert ist als die Fähigkeit Arbeit zu verrichten, ist unerlässlich für die Herstellung von Wirtschafts- und Industriegütern, Mobilität, die Schaffung von Komfort und schlussendlich Wohlstand. Sie ist also der „Motor allen Geschehens im Weltall und auf der Erde" [2]. Nicht zuletzt durch das rasche Bevölkerungswachstum steigt auch der Energiebedarf in Europa und der Welt. In der EU werden derzeit etwa 80 % des Energieverbrauchs durch fossile Brennstoffe, das sind Erdgas, Erdöl und Kohle, abgedeckt [3]. Durch die Verbrennung dieser fossilen Energieträger entsteht vor allem Kohlendioxid (CO_2), dessen Konzentration in der Luft von ursprünglich 280 ppm vor Beginn der industriellen Revolution (circa im Jahre 1750) auf 381 ppm (im Jahr 2006) angestiegen ist. Neben CO_2 sind auch andere Treibhausgase für den anthropogenen Treibhauseffekt verantwortlich: Methan (CH_4; aus Reisanbau, Rinderzucht, Erdgasförderung, Müllfäulnis), Distickstoffoxid (N_2O, Lachgas; Stickstoffdüngung, Verbrennung von Biomasse), Schwefelhexafluorid (SF_6; Verwendung als Isolations- und Schutzgas).

Diese anthropogene Emission von Treibhausgasen verstärkt den natürlichen Treibhauseffekt und führt zur globalen Erwärmung, die sich in einer Erhöhung der mittleren Temperatur der unteren Atmosphäre von 14,5 °C (Anfang des 20. Jahrhunderts) auf derzeit 15 °C niederschlägt. Bis 2100 könnte die globale Durchschnittstemperatur laut verschiedener Klimamodelle um weitere 1 °C bis 6 °C zunehmen [4].

Die globale Erwärmung und der damit verbundene Klimawandel werden sich durch eine Verschiebung der Klimazonen, die Ausbreitung tropischer Krankheiten in heute gemäßigte Klimazonen, Gletscherschmelze, das Ansteigen des

Meeresspiegels und die Zunahme extremer Wetter-situationen (Dürreperioden, Überschwemmungen etc.) bemerkbar machen [5]. Teilweise sind diese Phänomene schon heute zu beobachten.

Die fossilen Energieträger Erdöl, Erdgas und Kohle entstanden im Laufe von mehreren Millionen Jahren aus organischen Materialien, wie tierischen Organismen und Pflanzen, durch komplexe chemische und physikalische Prozesse. Sie zählen daher neben Uran zu den so genannten nicht erneuerbaren Energien und besitzen aufgrund dessen nur eine begrenzte Reichweite. Nicht nur die Unsicherheit über die zukünftige Entwicklung des Verbrauchs erschwert die Bestimmung der Reichweiten. Auch Öl- und Energieunternehmen sowie ölfördernde Staaten unter- bzw. überschätzen, teilweise bewusst, ihre vorhandenen Ressourcen und Reserven. Sei es aus wirtschaftlichen, politischen oder aus (preis)strategischen Gründen.

Die Endlichkeit von fossilen Ressourcen bei steigender globaler Energienachfrage, der Klimawandel und die damit verbundenen Folgen kennzeichnen ein neues Energiezeitalter.

Das Bewusstsein dafür, dass menschliche Tätigkeiten Änderungen des Erdklimas mit ihren nachteiligen Folgen verursachen, wurde zunehmend in den vergangenen Jahren nicht zuletzt durch vielfache Diskussion in den Medien und durch bereits spürbare Klimaveränderungen geschärft.

Internationale Umweltabkommen wie die Klimarahmenkonvention der Vereinten Nationen (*United Nations Framework Convention on Climate Change, UNFCCC*) haben sich zum Ziel gesetzt, die anthropogene Störung des Weltklimas zu verhindern, die globale Erwärmung zu verlangsamen sowie ihre Folgen zu mildern [6]. Die wohl bekannteste Konferenz fand 1997 in Kyoto (Japan) statt, wo im Rahmen des Kyoto-Protokolls (Laufzeit 2005 - 2012) erstmals verbindliche Zielwerte für den Ausstoß von Treibhausgasen festgelegt wurden. Die letzte der jährlichen UN-Klimakonferenzen fand kürzlich im Dezember 2007 auf Bali (Indonesien) statt und behandelte das weitere Vorgehen einer zukünftigen Klimaschutzpolitik nach Ablauf des Kyoto-Protokolls.

In der EU unterstützt die Europäische Kommission durch das aktuelle 7. Rahmenforschungsprogramm (RP7, *Framework Programme FP7*), welches offiziell am 1. Januar 2007 gestartet ist, Forschung und technologische Entwicklung in ausgewählten, prioritären Gebieten [7]. Dazu zählt das Themengebiet „Energie" mit einer siebenjährigen Laufzeit (2007 – 2013), welches sich mit einer breiten Palette an Technologien befasst, die die heutigen Energieprobleme adäquat und zeitnah lösen könnten. Darin stehen neben der Entwicklung von Kernspaltungstechnologien und der Kernfusion [8, 9] folgende Maßnahmen und Technologien zur Verfügung:

- Erneuerbare Energietechnologien,
- Energieeffizienz und Energieeinsparung,
- Neue Energieträger wie Wasserstoff,
- Umweltfreundliche Energienutzung (z.B. Brennstoffzellen).

1.2 Brennstoffzellen als effiziente elektrochemische und verbrennungsfreie Energiewandler

Brennstoffzellen werden somit als zukünftige Schlüsseltechnologie für die Energieumwandlung gesehen. Dabei ist die Technologie der Brennstoffzellen als elektrische Energiewandler bereits seit Mitte des 19. Jahrhunderts bekannt. Im Jahre 1839 entdeckte Christian Friedrich Schönbein das Prinzip der Brennstoffzellen. Zeitgleich dazu entwickelte Sir William Grove den ersten praxistauglichen Brennstoffzellen-Apparat [10]. Dennoch dauerte es viele Jahrzehnte bis diese Technologie, hauptsächlich durch die beginnende Raumfahrt (Apollo-Programm der NASA, USA) Mitte des 20. Jahrhunderts, interessant und erneut aufgegriffen wurde.

Brennstoffzellen (*fuel cells*) sind galvanische Zellen, die die freie Gibbs-Energie einer chemischen Reaktion in elektrische Energie und Wärme(verluste) umwandeln [11]. Die Gibbs-Energie G_0 ist mit der Zellspannung U_0 verknüpft [12]:

$\Delta G_0 = -nF\Delta U_0$ (1.1)

Hier ist n die Zahl der ausgetauschten Elektronen, F die Faraday-Konstante (96485 C mol^{-1}) und ΔU_0 die Zellspannung im thermo-dynamischen Gleichgewicht wenn kein Strom fließt.

Die Gleichgewichtszellspannung ΔU_0 ist die Differenz der Gleichgewichts-Elektrodenpotenziale von Kathode $U_{0,k}$ und Anode $U_{0,a}$:

$$\Delta U_0 = U_{0,k} - U_{0,a} \tag{1.2}$$

Die stromliefernden Reaktionen an Anode und Kathode bestimmen die jeweiligen Elektrodenpotenziale.

Der prinzipielle Aufbau aller Brennstoffzellen ist ähnlich, siehe dazu Abbildung 1.1.

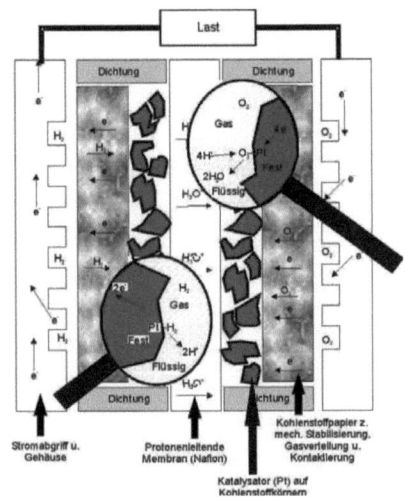

Abbildung 1.1 Schematischer Aufbau einer PEM Brennstoffzelle.

Sie bestehen aus zwei Elektroden (Anode und Kathode), die durch einen ionenleitenden Elektrolyten voneinander getrennt, durch den äußeren Leiterkreis jedoch elektrisch verbunden sind. Die Elektroden werden von gasförmigen oder flüssigen Brennstoffen (z.B. Wasserstoff, Methanol) bzw. Oxidationsmittel

(Sauerstoff) umspült. Der Katalysator, meist in Form von Platin-Nanopartikeln (2 - 5 nm Durchmesser), ist generell auf einem Trägermaterial (Kohlenstoff) aufgebracht, um eine möglichst große Oberfläche bzw. eine möglichst große Zahl katalytisch aktiver Plätze zur Verfügung zu stellen (siehe auch Kapitel 3). Um eine hohe Gas- und Flüssigkeitsdurchlässigkeit zu gewährleisten müssen die Elektroden eine poröse Struktur aufweisen. Der Elektrolyt sollte eine hohe Ionenleit-fähigkeit, jedoch eine geringe Gasdurchlässigkeit besitzen.

Die Einteilung der verschiedenen Typen von Brennstoffzellen erfolgt üblicherweise über das verwendete Elektrolytsystem. Eine andere Gruppierung kann auch über die Arbeitstemperatur der jeweiligen Brenn-stoffzelle vorgenommen werden.

Brennstoffzellen, die mit protonenleitenden (also aciden) Membranen als Elektrolytsystem arbeiten, werden als PEMFC (*proton exchange membrane fuel cell*) bezeichnet. Sie werden üblicherweise bei Arbeitstemperaturen von 60 bis etwa 120 °C betrieben. In diesen Zellen wird anodenseitig Wasserstoff zugeführt und dort oxidiert:

$H_2 \leftrightarrow 2H^+ + 2e^-$ $U_{0,a} = 0{,}00$ V *vs.* NHE   (1.3)

Die entstehenden Protonen wandern durch die Membran, die Elektronen über den äußeren Leiterkreis zur Kathodenseite. Dort reagiert der zuge-führte Sauerstoff bzw. Luftsauerstoff mit den Protonen und Elektronen zu Wasser:

½ O_2 + 2H^+ + 2 e^- H_2O $U_{0,k} = 1{,}229$ V *vs.* NHE   (1.4)

Die Gesamtzellreaktion lautet damit [13]

H_2 + ½ O_2 H_2O mit $\Delta G = -237{,}13$ kJ/mol   (1.5)

Die Gleichgewichtszellspannung ΔU_0 für die H_2/O_2-Zelle unter Standard-bedingungen bei 25 °C berechnet sich damit aus Gleichung (1.5) über die Gibbs-Energie mit n=2, oder über Gleichung (1.2), zu 1,229 V.

Neben Wasserstoff kann man Brennstoffzellen auch mit Methanol betreiben. In diesem auf der PEMFC-Technologie basierenden System wird Methanol anodenseitig direkt als Brennstoff oxidiert und wird daher als DMFC bezeichnet (*direct methanol fuel cell*). Die stromliefernde Reaktion auf der Anode ist die Oxidation von Methanol:

$$CH_3OH + H_2O \rightarrow CO_2 + 6H^+ + 6e^- \qquad U_{0,a} = 0{,}016 \text{ V } vs. \text{ NHE} \qquad (1.6)$$

Die Reaktion auf der Kathode ist auch hier die Reduktion von (Luft-) Sauerstoff zu Wasser, siehe Gleichung (1.4). Die Gesamtreaktion in der DMFC lässt sich somit wie folgt angeben [13]:

$$CH_3OH + 3/2\, H_2O \rightarrow CO_2 + 2H_2O \qquad (1.7)$$

mit $\Delta G = -702{,}35$ kJ/mol und $\Delta U_0 = 1{,}213$ V

Die Geschichte der DMFC ist um vieles jünger als jene der H_2/O_2-Brennstoffzelle. In den 1960ern leisteten Shell Research (England) und Exxon-Alsthom (Frankreich) Pionierarbeit auf diesem Gebiet [14]. Heutzutage erscheint Methanol als zukunftsträchtige Alternative zu Wasserstoff, da [15, 16]

- Methanol eine hohe volumetrische Energiedichte besitzt (4,5 kWh/l), im Vergleich dazu besitzt Wasserstoff (flüssig, −253 °C) knapp die Hälfte (2,3 kWh/l) [5],
- Methanol bei Raumtemperatur und Umgebungsdruck flüssig und damit leicht handhabbar ist,
- die existierende Treibstoff-Infrastruktur an Methanol leicht adaptiert werden kann,
- Methanol aus Erdöl, Erdgas, Kohle, aber auch aus Biomasse (Holz) hergestellt werden kann.

Die Methanol-Brennstoffzelle kann sowohl mit flüssigen (typischerweise 1-2 molar), als auch mit gasförmigen Methanol-Wasser-Gemischen betrieben werden. Die Betriebstemperaturen liegen ähnlich wie bei der PEMFC im Bereich von 60 bis 120

°C. Sowohl die PEMFC als auch die DMFC zählen daher zu den so genannten Niedertemperatur-Brennstoffzellen. DMFCs können, je nach Größe, Leistungen im Bereich von wenigen mW bis zu einigen kW erreichen. Aufgrund dieser Eigenschaften eignen sich DMFCs als Stromquellen für portable Anwendungen - wie Mobiltelefone, Laptops, Digitalkameras, Camping-ausrüstung - sowie als alternative Stromquellen für den mobilen Sektor (Kraftfahrzeuge) [17]. Firmen wie Samsung, Toshiba oder smartfuellcell bieten bereits kommerziell erste Geräte für portable Applikationen an.

Weitere Arten von Brennstoffzellen wie AFC (*alkaline fuel cell*), PAFC (*phosporic acid fuel cell*), SOFC (*solid oxide fuel cell*), MCFC (*molten carbonate fuel cell*) oder DCFC (*direct carbon fuel cell*) sollen hier nur erwähnt werden. Aufbau und Funktionsweise können der Literatur entnommen werden [10, 11, 18].

Zusammenfassend lassen sich die Vorteile von Brennstoffzellen wie folgt aufzählen [11, 18, 19]:

- Brennstoffzellen können theoretisch, im Gegensatz zu Batterien und Akkumulatoren, kontinuierlich solange betrieben werden, wie Brennstoff zugeführt wird,
- Keine Begrenzung durch den Carnotschen Wirkungsgrad,
- Der hohe Wirkungsgrad der Brennstoffzelle erlaubt eine bessere Ausnutzung der Brennstoffe und führt damit zu einer Streckung der Reichweiten,
- Keine beweglichen Teile und keine Schallemissionen,
- Geringere Schadstoffemissionen,
- Gutes Teillastverhalten,
- Modulare Bauweise,
- Gleichzeitige Erzeugung von elektrischer Energie und Wärme-energie, womit eine Kraft-Wärmekopplung möglich wird.

1.3 Herausforderungen an eine zukünftige DMFC-Technologie

DMFC stehen an der Schwelle zur Vermarktung im portablen und mobilen Sektor. Es waren und sind aber immer noch technische Heraus-forderungen zu bewältigen, bevor Methanol-Brennstoffzellen im großtechnischen Maßstab ihr Durchbruch gelingt. Die Begründung liegt darin, zu akzeptablen Kosten eine entsprechende Leistungsdichte der DMFC zu erhalten, um mit etablierten Batteriesystemen und Verbrennungsmotoren konkurrieren zu können. Obwohl es in den letzten Jahren viele Fortschritte auf diesem Gebiet gegeben hat, sind dennoch einige Hürden zu überwinden [17, 20]:

- Eine geringe elektrokatalytische Aktivität der Anodenkatalysatoren in Bezug auf die Oxidation von Methanol trotz modernster Katalysatoren wie PtRu/C [21],
- Der Methanol-Übertritt (*crossover*) von der Anode durch die Membran zur Kathode der DMFC hat weit reichende Konsequenzen. Dieser Übertritt führt zu einer verminderten Effizienz der Methanol-Ausnutzung sowie zu einer Zellspannungs- bzw. Leistungsminderung, da auf der Platin-Kathode gleichzeitig Methanol oxidiert und Sauerstoff reduziert wird. Dieser Effekt wird als Mischpotenzial bezeichnet [22-24] (siehe auch Kapitel 1.4). Die Ursache für den Methanol-Übertritt ist der Konzentrationsgradient von Methanol zwischen Anode und Kathode. Da Methanol in jedem Mengenverhältnis mit Wasser mischbar ist, kann es leicht durch die (befeuchtete) protonenleitende Membran diffundieren. Der Übertritt macht sich vor allem bei hohen Zellspannungen, also niedrigen Strömen, bemerkbar, da unter diesen Bedingungen nur ein geringer Methanolumsatz stattfindet.

Möglichkeiten den Methanol-Übertritt zu verringern sind [25]:
  - Verwendung einer geringeren Methanolkonzentration auf der Anode (0,5 - 1 molar),
  - Erhöhung des Sauerstoff- bzw. Luftpartialdrucks auf der Kathode,
  - Erhöhung der Zelltemperatur, die zu einer Beschleunigung der Reaktionskinetik führt,
  - Verwendung von dickeren Membranen, z.B. Nafion 117 (≈180 µm Dicke). Dies führt jedoch zu größeren Ohmschen Wider-ständen in den Zellen.

- Verwendung alternativer, methanol-undurchlässiger Membranen, wie zum Beispiel säuredotierte Polybenzimidazol (PBI) oder Polyacrylamid (PAA) Membranen,
- Optimierung der Elektrodenstruktur.
- Die Irreversibilität, also die langsame Reaktionskinetik der Sauerstoff-reduktion auf der Kathode, führt selbst auf effizienten Katalysatoren wie Platin bei technisch relevanten Stromdichten zu großen Überspannungen in der Größenordnung von ca. 300 - 400 mV.

Die Sauerstoffreduktion soll in den folgenden Kapiteln näher behandelt werden.

1.4 Platin und Rutheniumselenid: Elektrokatalysatoren für die kathodische Sauerstoffreduktion in Brennstoffzellen

Die Sauerstoffreduktion (ORR, *oxygen reduction reaction*) ist eine komplexe, fundamentale und wichtige elektrokatalytische Reaktion, die in vielen Systemen und praktischen Anwendungen vorkommt. So tritt sie zum Beispiel als kathodische Gegenreaktion bei Korrosionsprozessen (anodische Metallauflösung) in Erscheinung. Neben Brennstoffzellen läuft die Sauerstoffreduktion auch in anderen galvanischen Elementen wie Metall-Luft oder Seewasser-Batterien ab [26].

Katalysatoren für die Sauerstoffreduktion müssen eine Reihe von Anforderungen erfüllen:
- Voraussetzung für die Funktionalität der Katalysatoren ist die chemische Stabilität des (Edel)Metalls sowie des Trägermaterials unter den Betriebsparametern einer Brennstoffzelle in aciden (oder alkalischen) Elektrolyten. Kohlenstoff, der üblicherweise als Trägermaterial der Katalysatorpartikel verwendet wird, ist thermodynamisch instabil bei den typischen Potenzialen der Kathode (0,5 - 0,9 V *vs.* RHE). Dieses Potenzial ist signifikant anodischer als das Gleich-gewichtspotenzial (0,207 V *vs.* RHE) der Kohlenstoffoxidation zu CO_2. Diese „Kohlenstoff-Korrosion" ist jedoch kinetisch gehemmt, solange das Kathodenpotenzial 1 V nicht überschreitet [27].

- Eine hohe elektrochemische Aktivität der Katalysatoren bezüglich der Sauerstoffreduktion, um die Überspannung zu verringern. Dazu ist eine hohe Austauschstromdichte i_0 bzw. äquivalent eine niedrige Aktivierungsenergie erforderlich.
- Der Katalysator muss unter den gegebenen Potenzial- und Reaktionsbedingungen eine hohe Selektivität in Bezug auf die Reduktion von Sauerstoff zu Wasser besitzen [28]. Die Bildung von H_2O_2 darf nur sehr gering sein (0 – 1 %), da es sonst zu Korrosions-erscheinungen an den Elektroden und der Membran kommt.
- Um die Ausbildung eines Mischpotenzials (siehe Kapitel 1.3) auf der Kathode einer DMFC zu verhindern, muss der Katalysator Methanol-tolerant sein [29]. Diese Toleranz ist auch entscheidend für den Betrieb von so genannten *mixed-reactant fuel cells* (MRDMFC), die auf der Selektivität von Anoden- und Kathodenkatalysator beruhen: Methanol und Sauerstoff (bzw. Luft) müssen nicht physikalisch getrennt in die Zelle gebracht werden, sondern werden vorher gemischt und der Zelle zugeführt [30, 31].

Die Elemente der so Platinmetalle (Pt, Pd, Ru, Rh, Os, Ir) erscheinen aufgrund ihrer elektrokatalytischen Aktivität für die Sauerstoffreduktion sowie ihrer Stabilität in aciden Elektrolyten als geeignete Kandidaten [23]. Diese Katalysatoren lassen sich nun in zwei Gruppen einteilen, die Platin-basierten und die Platin-freien.

1.4.1 Platin-basierte Katalysatoren

Platin ist nach wie vor der effizienteste und daher meistverwendete Katalysator für die Sauerstoffreduktion. Zur Steigerung der Aktivität des Platins lassen sich sowohl nicht-katalytische, als auch katalytische Faktoren optimieren [32].
Durch die Synthese so genannter *core-shell* Partikel ersetzt man Platinatome, die sich nicht an der (Partikel)Oberfläche befinden, durch billigere Materialien. Dadurch können die Menge des verwendeten Platins und gleichzeitig die Kosten gesenkt werden. Darüber hinaus besteht die Möglichkeit die Platinoberfläche zu maximieren und dabei gleichzeitig sehr aktive Platinfacetten an der Oberfläche zu schaffen.

Eine andere Möglichkeit der Optimierung der katalytischen Eigenschaften besteht in einer Modifikation der intrinsischen Eigenschaften der Platin-Oberflächenatome durch bimetallische Oberflächenlegierungen mit anderen Übergangsmetallen wie Co, Ni, V, Cr [33].

Die Ursachen für die Aktivitätssteigerung durch das legierte Metall werden in der Literatur wie folgt begründet [34-36]:

(i) Modifizierung der elektronischen Struktur von Pt (Leerstellen im 5d Orbital)
(ii) Änderungen in der physikalischen Struktur von Pt (Koordinationszahl und Pt - Pt Bindungslängen)

Ein Nachteil von reinem Platin als Kathodenkatalysator in DMFC ist die bereits erwähnte Ausbildung eines Mischpotenzials. Methanol wird, bei gleichzeitiger Reduktion von Sauerstoff, auf Platin oxidiert. Dies konnten Alonso-Vante et al. [37] mittels DEMS (*differential electrochemical mass spectrometry*) nachweisen. Vergleichende Messungen in sauerstoff-gesättigter 0,5 M H_2SO_4 und in An- und Abwesenheit von 1 M CD_3OD (deuteriertes Methanol) zeigten, dass unabhängig von der Oxidation von Methanol die Sauerstoffreduktion unbeeinträchtigt abläuft. Offensichtlich laufen beide elektrochemischen Prozesse parallel auf Platin ab, jedoch an unterschiedlichen Reaktionsplätzen auf der Elektrodenoberfläche. Legierungen von Pt könnten eine Möglichkeit darstellen, Pt insensitiver bezüglich der Methanoloxidation zu machen. Pt-Cr (1:1, 20 bzw. 40 wt%)/C Katalysatoren zum Beispiel zeigen in aciden Elektrolyten eine 200 mV kleinere Überspannung in Anwesenheit von Methanol als im Vergleich zu Pt/C [38].

Das Ruhepotenzial von Platinelektroden in sauerstoffgesättigten aciden Elektrolyten liegt bei ca. 1 V *vs.* NHE, also weit kathodischer als das thermodynamische Gleichgewichts- bzw. Nernstpotenzial U_0 = 1,229 V *vs.* NHE des O_2/H_2O Redoxpaares. Dieses Ruhepotenzial wird als Mischpotenzial als Folge von unterschiedlichen kathodischen und anodischen Prozessen bzw. Teilströmen angesehen [39]. Es wird angenommen, dass die Sauerstoffreduktion den gesamten kathodischen Strom i_k liefert. Dieser Strom wird durch einen anodischen Strom gleicher Stromdichte ausbalanciert, sodass am Mischpotenzial netto kein messbarer Strom fließt, siehe Gleichung (1.8):

$$i_k = \sum i_a \qquad (1.8)$$

Da die (sehr geringe) Austauschstromdichte i_0 des O_2/H_2O Redoxpaares auf Platin in der Größenordnung von ungefähr 10^{-9} A cm^{-2} liegt, können geringste anodische Ströme das Ruhepotenzial merklich kathodisch verschieben. In der Literatur wird angenommen, dass der anodische Strom die Summe von Teilströmen von verschiedenen Oxidations-prozessen ist. Zu diesen tragen die Auflösung von Pt [40] (U_0 (Pt/Pt^{2+}) = 1,188 V *vs.* NHE), sowie die Oxidation von Verunreinigungen im Elektrolyten bei. Die Adsorption von Sauerstoff auf der Platinoberfläche erreicht eine Sättigungsbedeckung und kann daher keinen kontinuierlichen anodischen Beitrag leisten.

Weitere anodische Teilströme stammen von der Oxidation (bzw. Korrosion) des Kohlenstoffs (auf Kohlenstoff-geträgerten Katalysatoren) sowie von der Oxidation des Platins in der Anwesenheit von z.B. Cl$^-$ oder Br$^-$ Ionen. Da üblicherweise Platin-Halogen-Salze für die Synthese von Pt Nanopartikel verwendet werden, können trotz höchster Reinheit Spuren der Cl$^-$ Ionen im Trägermaterial vorkommen [41]. Gemäß [12]

$$Pt + 4\ Cl^- \quad PtCl_4^{2-} + 2e^- \qquad U_0 = 0,758\ V\ vs.\ NHE \qquad (1.9)$$

liegt das Nernstpotenzial dieser Reaktion weit negativer als 1,229 V *vs.* NHE des O_2/H_2O Redoxpaares und könnte somit einen signifikanten Beitrag zum Mischpotenzial leisten.

Mit geeigneter Vorbehandlung der Elektroden lässt sich das Ruhepotenzial beeinflussen, sodass es für zwei bis vier Stunden einen Wert von (1,22 ± 0,02 V) *vs.* NHE in sauerstoffgesättigter 0,5 M H_2SO_4 annimmt [42].

Neben der Ausbildung eines Mischpotenzials auf unlegiertem Platin (in der Anwesenheit von Methanol oder höherer Alkohole) stellt die anodische Auflösung von Platin bei hohen Elektrodenpotenzialen, mit der damit verbundenen verminderten Langzeitstabilität, eine technische Hürde dar.

1.4.2 Platin-freie Katalysatoren

Diese Gruppe lässt sich erneut in Edelmetall- sowie Edelmetall-freie Katalysatoren unterteilen.

Zu den Edelmetall-Katalysatoren zählen neben Pd und Pd-Legierungen (PdCo, PdNi, PdCr) [23] auch Rhodium-basierte Katalysatoren (Rh_xS_y/C, Rh/Se, Rh/S) [30, 43]. Sie sind als elektrokatalytisch aktive, methanol-tolerante Katalysatoren bekannt. Auch Ag(111) Einkristalle [44] sind als sauerstoffreduzierende Katalysatoren untersucht worden.

Ruthenium-basierte Katalysatoren stellen sich gegenüber Platin aus mehreren Gründen als alternative Sauerstoffreduktions-Katalysatoren dar.
Ende Februar 2008 kostete Platin 2160 *US$/troy ounce*, Ruthenium hingegen nur 425 *US$/troy ounce* (1 *troy ounce* = 31,1 Gramm) [45]. Ruthenium ist daher derzeit um etwa einen Faktor fünf billiger als Platin. Weiter ist bekannt, dass Ru bzw. Ru-basierte Katalysatoren Methanol-tolerant sind. Die Ursache liegt in den fehlenden Adsorptionsplätzen für Methanol aufgrund der auf der Elektrodenoberfläche stark adsorbierten Sauerstoffspezies [46].

Die Sauerstoffreduktion mittels Chevrel-ähnlichen Verbindungen wurde erstmals von Alonso-Vante untersucht [47]. Chevrel Phasen sind Verbindungen des Molybdäns mit der allgemeinen Formel $M_xMo_6X_8$ (M = Fe, Cu, Ag, Co, Pb; Chalkogenid X = S, Se, Te). Sie sind der binären Chalkogenidstruktur Mo_6X_8 (X = S, Se, Te) ähnlich, die aus einem Mo_6 Oktaeder besteht, an den 8 Chalkogenide gebunden sind. Durch Substitution von Mo mit Übergangsmetallen erhält man Übergangsmetall-Chalkogenide der Stöchiometrie $Mo_{6-x}M_xX_8$ (M = Übergangsmetall, X = Chalkogen), die einen oktaedrischen, gemischten Übergangsmetall-Cluster ($Mo_{6-x}M_x$) besitzen [48]. Die Synthese dieser Materialien erfolgt generell durch eine Festkörperreaktion bei Temperaturen über 900 °C [49].

Eine Syntheseroute bei niederen Temperaturen (ca. 140 °C), wobei die Metall-Metall Bindung erhalten bleibt (so genannte Cluster), wurde von Solorza-Feria mithilfe von Carbonylverbindungen vorgeschlagen [50].
Näheres zu den Synthesemethoden findet sich im Kapitel 3.

In Ref. [51] wurde eine Reihe von Molybdän-freien Ruthenium-Katalysatoren mit unterschiedlichem Chalkogenid synthetisiert (Ru_xX_y, X = S, Se und Te) und deren elektrochemische Aktivität mit $Mo_xRu_ySe_z$ ver-glichen. $Mo_xRu_ySe_z$ und Ru_xSe_y stellten sich dabei als aktivste Katalysatoren für die Sauerstoffredukion in 0,5 M H_2SO_4 heraus.

Die genaue Funktionsweise von Selen in Ru_xSe_y ist noch nicht vollkommen verstanden. Tatsache ist, dass Selen die Oxidation der Ruthenium-Nanopartikel verhindert, wie aus XRD (*x-ray diffraction*) [52] und WAXS (*wide angle x-ray scattering*) [53] Messungen von Ru und Ru_xSe_y Proben, sowohl Kohlenstoff-geträgert als auch ungeträgert, hervorgeht.
In der erstgenannten Arbeit wurden die XRD-Spektren beider Proben, die zuvor an Luft gelagert waren, mit jenen nach Reduktion in einer H_2 Atmosphäre verglichen. Die Reduktion von Ru/C bewirkte deutlich höhere Intensitäten der metallischen Ru Peaks, speziell der (101) Ebene, sowie eine geringere Intensität im 2θ-Bereich von 28 ° bis 38 °, die offensichtlich durch die Reduktion von RuO_2 verursacht wird. Für Ru_xSe_y/C werden vor und nach der H_2-Reduktion keine Unterschiede gefunden.
Die Ergebnisse der WAXS-Untersuchungen zeigten ebenfalls eine hohe Stabilität der Ru_xSe_y Partikel gegen Oxidation aufgrund der an das katalytische Zentrum koordinierten Selen-Atome.

Auch die genaue Struktur der Ru_xSe_y Partikel ist noch nicht vollständig erforscht. Alonso-Vante et al. beschreiben diese als clusterartige Partikel, an dessen Ru-Kern Selen peripher koordiniert ist [30]. Auch Bron et al. [54] schlagen auf Grundlage ihrer Ergebnisse ein *core-shell*-Modell vor. In diesem Modell besteht der Kern hauptsächlich aus kristallinem Ruthenium, der von einer amorphen Schale umgeben ist. Die wahre Struktur dieser Schale ist nicht bekannt. Mit XPS (*x-ray photoelectron spectroscopy*) wurden Ruthenium-oxid/hydroxid Spezies, Selen in verschiedenen Oxidationsstufen (e.g. Se^0, SeO_2) sowie Kohlenstoff detektiert. Eine Ru_2Se Struktur kann von den Autoren ausgeschlossen werden, da weder kristallographische Nachweise noch eine chemische Stabilität für solch eine Phase gefunden wurden.

Zur weiteren Aufklärung der Eigenschaften von Selen auf Ruthenium führten Babu et al. [55] EC-NMR (*electrochemical nuclear magnetic resonance*) und XPS Messungen an Ru-Nanopartikeln durch, die chemisch mit Selen dekoriert worden sind. Die Messungen sollen Aufschluss über die elektronischen Eigenschaften dieser Ru/Se Partikel (Ru:Se = 3,3:1) geben. Es wurde mittels NMR gefunden, dass Selen (ein p-Halbleiter in seiner elementaren Modifikation) in Ru-Se Verbindungen durch den Ladungstransfer von Ruthenium zu Selen metallisch wird. Die Verschiebung des Se $3d_{5/2}$ Peaks in Ru/Se zu niederen Bindungsenergien, im Vergleich zu elementarem Selen, deutet ebenfalls auf einen Ladungs-transfer von Ruthenium zum elektronegativeren Selen hin. Dieser Transfer ist eine mögliche Erklärung der hohen Stabilität von (metallischem) Ruthenium in diesen Systemen gegenüber Oxidation, selbst bei hohen Elektrodenpotenzialen.

In einer früheren Arbeit an diesem Lehrstuhl wurde $RuSe_x$ auf Vulcan XC72R synthetisiert [56]. Die Partikel des $RuSe_x$/C Katalysators waren grobkörnig und eine beträchtliche Agglomeration wurde beobachtet. In Halbzellenmessungen, welche in 2 M H_2SO_4 bei Raumtemperatur durch-geführt wurden, zeigte sich eine höhere Massenaktivität bezüglich der Sauerstoffreduktion von Pt/C gegenüber $RuSe_x$/C. Wird jedoch die Aktivität auf die verfügbare elektrochemisch aktive Fläche normiert, so besitzt $RuSe_x$/C die höhere elektrochemische Aktivität.

Zu den Edelmetall-freien Katalysatoren zählen Fe-basierte [57], Co-basierte [58, 59], Tantal-basierte wie TaON, Ta_3N_5 [60], sowie ZrO_x Katalysatoren [61]. Auf die genannten Katalysatoren wird in dieser Arbeit nicht weiter eingegangen, es soll auf die zitierten Referenzen verwiesen werden.

1.5 Die Sauerstoffreduktion in sauren Elektrolyten: Modelle für den Mechanismus und Evaluierung von Geschwindigkeitskonstanten

Die allgemeine Reaktionsgleichung für die 4-Elektronen Reduktion von Sauerstoff zu Wasser in aciden Elektrolyten lässt sich, nach Umformen von Gleichung (1.4), wie folgt angeben:

$$O_2 + 4H^+ + 4e^- \rightleftharpoons 2H_2O \qquad U_0 = 1{,}229 \text{ V } vs. \text{ NHE} \qquad (1.10)$$

Diese auf den ersten Blick „einfache" Reaktion ist in Wahrheit jedoch sehr komplex und läuft in mehreren (elementaren) Reaktionsschritten ab. Sie kann über verschiedene Reaktionswege ablaufen, und beinhaltet daher mehrere Zwischenprodukte sowie Elektronentransferschritte. Die Evaluierung von Reaktionsmechanismen ist von fundamentalem Interesse für die Elektrokatalyse. Ein einfaches Reaktionsschema, das von Damjanovic et al. vorgeschlagen wurde [62], ist in Abbildung 1.2 dargestellt.

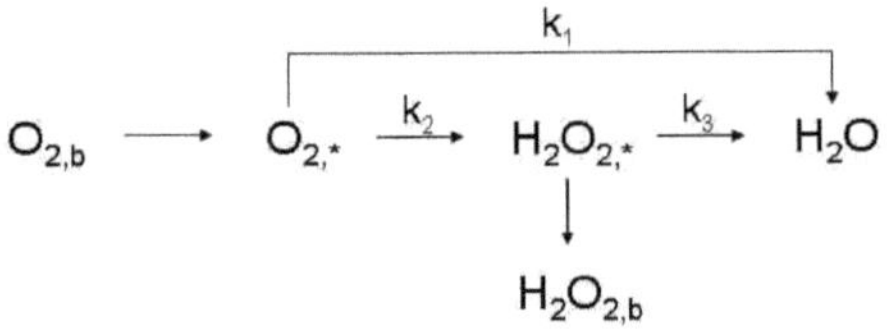

$$O_{2,b} \longrightarrow O_{2,*} \xrightarrow{k_2} H_2O_{2,*} \xrightarrow{k_3} H_2O$$

with k_1 spanning from $O_{2,*}$ to H_2O, and $H_2O_{2,*} \to H_2O_{2,b}$

Abbildung 1.2 Einfaches Reaktionsschema für die Reduktion von Sauerstoff zu Wasser. Der Index b bedeutet „bulk"; der Index * bedeutet, dass das Molekül an der Elektrodenoberfläche adsorbiert ist. Die Geschwindigkeitskonstanten werden mit k bezeichnet.

Basierend auf diesem Schema sind 3 Reaktionswege möglich [44]:

Beim <u>direkten 4-Elektronen Reaktionsweg</u> wird Sauerstoff direkt zu Wasser reduziert (Abbildung 1.2, Geschwindigkeitskonstante k_1), ohne dass H_2O_2 als Zwischenprodukt entsteht, siehe Gleichung (1.10).

Timo Jacob führte mittels Dichtefunktional-Theorie (DFT) Berechnungen für die direkte Sauerstoffreduktion unter Gasphasenbedingungen als auch in einem hydriertem System durch [63]. Hier wurde ein Platin(111)-Cluster, bestehend aus 35 Atomen in drei Lagen, für die Simulation der Katalysatoroberfläche verwendet, um die verschiedenen Reaktionswege und Zwischenprodukte sowie den geschwindigkeitsbestimmenden Schritt, also jenen mit der höchsten Aktivierungsenergie, zu bestimmen. Ausgehend von gasförmigen O_2 und H_2 wurden zwei Reaktionswege gefunden; beide Wege enthalten jeweils drei Schritte, die mit Aktivierungsenergien verbunden sind:

1. Der OO-Dissoziations-Reaktionsweg, bei welchem O_2 auf der Katalysatoroberfläche adsorbiert, dissoziiert und folgend mit H^{ad} zunächst zu OH^{ad} und anschließend zu H_2O reagiert. Der geschwindigkeitsbestimmende Schritt in der Gasphase ist die Reaktion

$$O^{ad} + H^{ad} \rightarrow OH^{ad} \qquad (1.11)$$

mit einer Aktivierungsenergie von 1,37 eV. Im solvatisiertem System besitzt die Dissoziation von O_2^{ad} die geringfügig höchste Barriere (0,68 eV) und erscheint damit als geschwindigkeitsbestimmender Schritt.

2. Der OOH-Formations-Reaktionsweg, bei dem O_2^{ad} zunächst mit H^{ad} reagiert und OOH^{ad} bildet, welches anschließend zu OH^{ad} und O^{ad} dissoziiert. Der letzte Reaktionsschritt ist derselbe wie im OO-Dissoziations-Reaktionsweg:

$$OH^{ad} + H^{ad} \rightarrow H_2O^{ad} \qquad (1.12)$$

Für den OOH-Formations-Reaktionsweg ist die O-OH Dissoziation sowohl in der Gasphase als auch im solvatisierten System der geschwindigkeitsbestimmende Schritt mit einer Aktivierungsenergie von 0,74 bzw. 0,62 eV.

3. Im dritten Reaktionsweg wird $H_2O_2^{ad}$ als Intermediat gebildet. Sowohl in der Gasphase als auch im solvatisierten System ist die Bildung dieses Intermediates mit der höchsten Aktivierungsenergie verbunden (0,47 bzw. 0,94 eV).

Zusammenfassend lässt sich daher feststellen, dass in der Gasphase der Mechanismus via $H_2O_2^{ad}$ als Zwischenprodukt, im solvatisierten System jedoch der OOH-Formations-Reaktionsweg die niedrigsten Aktivierungs-energien besitzt. Weiterhin wird der Einfluss der Solvatisierung des Systems auf die Reaktionsenergien und -barrieren sowie des bevorzugten Reaktionsweges durch diese Arbeit deutlich.

J. Norskov et al. [64] führten ebenfalls DFT Berechnungen für die kathodische Sauerstoffreduktion auf Pt(111) durch. Um die Wasserumgebung einer elektrochemischen Zelle zu simulieren wurden Mono- oder Doppellagen Wasser in die Rechnungen inkludiert. Bei einem Potenzial U = 1,23 V, dem thermodynamisch maximalen Wert, sind die beiden Elektron/Proton-Transferschritte endotherm. Die Energien sind für beide Schritte etwa gleich groß (0,45 bzw. 0,43 eV), einer davon wird als der geschwindigkeitsbestimmende Schritt angesehen. Bei höheren Bedeckungsgraden mit Sauerstoff (θ = 0,5) verschieben sich die beiden Energieniveaus nach oben, der erste Protonierungsschritt bleibt aber endotherm. Bei hohen Potenzialen stellen daher adsorbierter Sauerstoff bzw. adsorbiertes Hydroxid „thermodynamische Senken" im Sauerstoffreduktionsprozess dar. Durch Erniedrigung des Potenzials verringert sich die Stabilität des Sauerstoffs, die Reaktionsgeschwindigkeit erhöht sich. Dieser Effekt wird als die Ursache der Überspannung auf Platin angesehen. Andere Metalle wie Ni oder Ru binden O und OH so stark auf der Oberfläche, so dass die Protonierungsschritte einer großen Aktivierungsenergie bedürfen. Diese Schritte sind auf einem Metall wie Au zwar exotherm (−0,29 bzw. −0,01 eV), und laufen im Prinzip schnell ab. Sauerstoff ist auf der Oberfläche jedoch beträchtlich instabiler als in der Gasphase. Somit erscheinen Pt und Pd als theoretisch beste elementare Katalysatoren für die Sauerstoffreduktion. Metalle mit einer etwas schwächeren Sauerstoffbindung als Pt sollten daher aktivere Katalysatoren sein. Pt-Legierungen mit Ni, Co, Fe oder Cr zeigen eine solch schwächere Bindung.

Die zweite Möglichkeit der Sauerstoffreduktion ist der <u>2-Elektronen Reaktionsweg</u>. Hierbei wird Sauerstoff zu H_2O_2 (Abbildung 1.2, Geschwindigkeitskonstante k_2) reduziert:

$$O_2 + 2H^+ + 2e^- \rightarrow H_2O_2 \qquad U_0 = 0{,}695 \text{ V } vs. \text{ NHE} \qquad (1.13)$$

In aciden Elektrolyten kann das entstandene H_2O_2 gemäß Gleichung (1.14)

$$H_2O_2 + 2H^+ + 2e^- \rightarrow 2 H_2O \qquad U_0 = 1{,}77 \text{ V } vs. \text{ NHE} \qquad (1.14)$$

weiter zu Wasser reduziert werden (Abbildung 1.2, Geschwindigkeitskonstante k_3). Gleichung (1.13) und (1.14) bilden zusammen den so genannten <u>seriellen 4-Elektronen Reaktionsweg</u>. Sowohl der direkte als auch der serielle Reaktionsweg haben daher als Endprodukt Wasser-moleküle.

Die Sauerstoffreduktion ist eine oberflächenabhängige Reaktion, daher hat das Elektrodenmaterial einen signifikanten Einfluss auf die Reaktion bzw. den Reaktionsweg.
Dieser 2-Elektronen bzw. Peroxid-Reaktionsweg findet vorzugsweise auf folgenden Katalysatoren statt [65, 66]:
- Quecksilber
- Gold (außer Au(100) in alkalischen Elektrolyten)
- Kohlenstoff
- Oxidbedeckte Materialien
- Viele Übergangsmetalloxide

Der 4-Elektronen Reaktionsweg, der auch ein adsorbiertes Peroxid-Zwischenprodukt beinhalten kann, dominiert auf folgenden Katalysatoren [65, 66]:
- Platin, Platinlegierungen, Metalle der Platingruppe
- Silber
- Gold (100) in alkalischen Elektrolyten
- Metallisches Eisen in neutralen Elektrolyten

In Brennstoffzellen ist die direkte 4-Elektronen-Reduktion für eine maximale faradaysche Effizienz sowie für die Vermeidung von korrosiven H_2O_2 von signifikanter Bedeutung. Auf die 4-Elektronen-Reduktion wird in der Diskussion (Kapitel 7) nochmals näher eingegangen.

1.5.1 Die rotierende Ring-Scheiben-Elektrode (RRDE) zur Ermittlung von Geschwindigkeitskonstanten

Die rotierende Ring-Scheiben Elektrode (RRDE, *rotating ring disc electrode*) ist eine Methode die es gestattet, die verschiedenen Zwischen-produkte elektrochemischer Reaktionen zu erfassen. Sie wurde erstmals von Frumkin et al. vorgeschlagen [67]. Diese Technik wurde zum ersten Mal von Müller und Nekrasov für die Untersuchung der Sauerstoff-reduktion angewandt [68] und wird bis heute zur Aufklärung von Reaktionsmechanismen verwendet [69]. Details zum Aufbau der RRDE werden in Kapitel 2.3 näher beschrieben.

Hsueh et al. [70] entwickelten Diagnosekriterien, mit welchen die individuellen Geschwindigkeitskonstanten für verschiedene Reaktionsmodelle der Sauerstoffreduktion berechenbar sind.
Für die Berechnungen wurde angenommen, dass die Sauerstoffreduktion im Tafel-Bereich abläuft, sodass die Geschwindigkeitskonstanten der Rückreaktionen (k_{-1}, k_{-2} und k_{-3}) klein und somit für die Analyse vernachlässigbar sind.
Für das Modell 1 wurden folgende Annahmen erstellt:
1. Keine katalytische Zersetzung von H_2O_2 ($k_4 = 0$),
2. Die Adsorption und Desorption von H_2O_2 ist schnell und im Gleichgewicht,
3. Die Geschwindigkeitskonstante für die elektrochemische Oxidation von H_2O_2 ist vernachlässigbar ($k_{-2} = 0$).

Ausgehend von Materialgleichgewichten erhalten die Autoren folgende linearen Beziehungen für Modell 1 (vgl. Abbildung 1.2), siehe Gleichungen (1.15) und (1.16):

$$\frac{I_d}{I_r} = \frac{1}{N}\left[1 + 2\frac{k_1}{k_2}\right] + \left[\frac{2\, k_1/k_2 + 1}{NZ_2}k_3\right]\omega^{-1/2} \qquad (1.15)$$

$$\frac{I_{dl}}{I_{dl} - I_d} = 1 + \frac{k_1 + k_2}{Z_1}\omega^{-1/2} \qquad (1.16)$$

wobei Z_1 und Z_2 wie folgt definiert sind:

$$\begin{aligned}Z_1 &= 0{,}62 \cdot D_1^{2/3} v^{-1/6}\\ Z_2 &= 0{,}62 \cdot D_2^{2/3} v^{-1/6}\end{aligned} \qquad (1.17)$$

D_1 und D_2 sind die Diffusionskoeffizienten von O_2 und H_2O_2 (cm^2 s^{-1}), v die kinematische Viskosität (cm^2 s^{-1}), ω die Rotationsgeschwindigkeit (s^{-1}) und N das Übertragungsverhältnis.

I_d ist der Scheibenstrom, I_{dl} der diffusionslimitierte Scheibenstrom und I_r der Ringstrom. Die Geschwindigkeitskonstanten k_1, k_2 und k_3 lassen sich demzufolge aus den Achsenabschnitten und der Steigungen der grafischen Darstellung von I_d/I_r vs. $\omega^{-1/2}$ (Gleichung 1.15) sowie aus den Steigungen der Auftragung $I_{dl}/(I_{dl}-I_d)$ vs. $\omega^{-1/2}$ (Gleichung (1.16)) bei verschiedenen Potenzialen ermitteln.

Untersuchungen der Kinetik der Sauerstoffreduktion an rotierenden Platinelektroden in alkalischen und aciden Elektrolyten führten zu den folgenden generellen Ergebnissen [71, 72]:
Bei allen pH-Werten können drei Tafel-Bereiche unterschieden werden, siehe Abbildung 1.3.

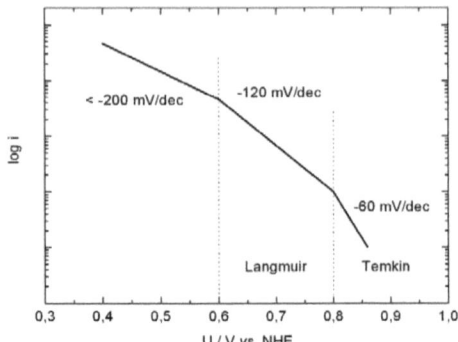

Abbildung 1.3 Schematische Tafel Darstellung der Kinetik der Sauerstoffreduktion auf Platin in aciden Elektrolyten. Die beobachteten Tafelsteigungen sowie die Adsorptionsbedingungen (Langmuir, Temkin) sind in den entsprechenden Potenzialbereichen eingetragen.

Bei Potenzialen positiver als etwa 0,8 V *vs.* NHE beobachtet man Tafel Steigungen von $\partial U/\partial \log(i)$ = −60 mV/dec bzw. $\partial U/\partial \ln(i)$ = −RT/F, zwischen 0,8 und circa 0,6 V beträgt die Steigung $\partial U/\partial \log(i)$ = −120 mV/dec bzw. $\partial U/\partial \ln(i)$ = −2RT/F.
Unterhalb von circa 0,5 V *vs.* NHE nimmt sie Werte von −200 mV/dec oder darunter an, der Strom erreicht zudem einen Grenzwert.
Die Kinetik der Sauerstoffreduktion wird in aciden Elektrolyten (pH 0 – 4) bei kleinen Stromdichten (d.h. U > 0,8 V) durch

$$i = A p_{O_2} \left[H^+\right]^{3/2} \exp\left(-\frac{FU}{RT}\right) \qquad (1.18)$$

und bei hohen Stromdichten (d.h. U < 0,8 V) durch

$$i = B p_{O_2} \left[H^+\right] \exp\left(-\frac{FU}{2RT}\right) \qquad (1.19)$$

beschrieben. Hier sind A und B Konstanten. Die Sauerstoffreduktion ist somit bei allen Stromdichten 1. Ordnung in Bezug auf O_2. In Bezug auf die

Protonenkonzentration [H$^+$] ist die Reaktionsordnung 3/2 bei kleinen, und 1 bei hohen Stromdichten, siehe Gleichungen (1.18) und (1.19).

Es wird angenommen, dass bei allen Stromdichten der erste Ladungsdurchtritt der geschwindigkeitsbestimmende Schritt ist. Der Übergang der Kinetik, also die Änderung der Tafelsteigung von −60 auf −120 mV/dec, wird mit dem Bedeckungsgrad der Elektrodenoberfläche mit Sauerstoff-spezies erklärt, der einer Temkin-Isotherme (hoher Bedeckungsgrad) bei kleinen Überspannungen, und einer Langmuir-Isotherme (geringer Bedeckungsgrad) bei großen Überspannungen folgt.

Die Struktursensitivität der Sauerstoffreduktion auf rotierenden Pt Einkristall-Oberflächen in 0,05 M H_2SO_4 wurde von Markovic et al. [35, 73] nachgewiesen. Wie aus Abbildung 1.7 ersichtlich, sinkt die Aktivität bezüglich ORR in der Reihenfolge Pt(110) > Pt(100) > Pt(111).

Die große Deaktivierung von Pt(111) wird durch die starke Adsorption von SO_4^{2-}, auf Grund der Symmetriegleichheit der Pt(111) Ebene mit der C_{3v}-Geometrie der O-Atome in SO_4^{2-}, erklärt. Allgemein ist die Sauerstoffaktivität in $HClO_4$ höher, da die Adsorption von (Bi)Sulfat die Sauerstoffreduktion, wahrscheinlich durch Blockierung der Adsorption von Sauerstoff, kinetisch hemmt. Es ist jedoch wichtig festzuhalten, dass diese Adsorption nicht den Reaktionsweg der Sauerstoffreduktion beeinflusst, wie man im kinetisch kontrollierten Potenzialbereich (ca. 1 - 0,8 V *vs.* RHE) erkennt. In diesem Bereich findet keine Bildung von H_2O_2 statt. Die Struktursensitivität ist am signifikantesten in stark adsorbierenden Elektrolyten ausgeprägt.

Metikos-Hukovic et al. [74] schieden elektrochemisch Ruthenium aus einer 2 mM $RuCl_3$/1 M $HClO_4$ Lösung auf einer Platin-RRDE ab und untersuchten anschließend die Sauerstoffreduktion in 1 M $HClO_4$ bei Raumtemperatur. Im Potenzialbereich von 0,77 bis 0,64 V *vs.* NHE fanden sie eine Tafelsteigung von −124 mV/dec, zwischen 0,6 und 0,4 V eine Steigung von −190 mV/dec. Unterhalb von 0,4 V erreichte der kinetische Strom einen Grenzwert.

Mit Hilfe der Diagnosekriterien und den Gleichungen von Hsueh et al. [70] konnten sie die Geschwindigkeitskonstanten entsprechend dem einfachen Modell von Damjanovic ([62], siehe Abbildung 1.2) im Potenzialbereich von 0,4 bis 0,6 V berechnen. Die Konstante k_1 nimmt exponentiell von $2,5 \cdot 10^{-2}$ auf $4 \cdot 10^{-3}$ cm s^{-1} ab, k_2 ist potenzialunabhängig und beträgt $5 \cdot 10^{-4}$ cm s^{-1}. k_3 liegt in der Größenordnung von 10^{-3} cm s^{-1}.

Anastasijevic et al. [75] untersuchten die Sauerstoffreduktion auf einer Ruthenium-RRDE in 0,1 M $HClO_4$. Laut den Autoren lässt sich im Potenzialbereich 0 - 0,13 V *vs.* SCE (0,244 – 0,374 V *vs.* NHE), wo Ruthenium als Rutheniumoxid auf der Oberfläche vorliegt, das einfache Reaktionsschema von Damjanovic [62] anwenden, da in diesem Bereich $k_4 = 0$ ist. Die Sauerstoffreduktion ist eine 4-Elektronen-Reduktion, ist 1. Ordnung bezüglich O_2, und läuft bevorzugt über den seriellen Reaktionsweg ab, da $k_2, k_3 > k_1$ ist. k_1 beträgt $6,7 \cdot 10^{-3}$ cm s^{-1} (0 V *vs.* SCE) und sinkt auf $3,4 \cdot 10^{-3}$ cm s^{-1} (0,13 V *vs.* SCE), im selben Potenzialbereich sinkt k_2 von $1,6 \cdot 10^{-2}$ auf $6,5 \cdot 10^{-3}$ cm s^{-1}. Bei Potenzialen U < 0 V *vs.* SCE (0,244 V *vs.* NHE), wo RuO_2 reduziert vorliegt, ist das Schema nicht anwendbar, da H_2O_2 katalytisch zersetzt wird, i.e. $k_4 > 0$.

Die direkte Reduktion von Sauerstoff (k_1) könnte auf einer oxidbedeckten Oberfläche laut den Autoren wie folgt ablaufen. Aufgrund von Platzwechselreaktionen während der Rutheniumoxidbildung könnte sich ein Teil der Ru-Atome in der obersten Schicht, O-Atome in der Schicht darunter befinden. Diese so genannte „Sandwich"-Struktur wurde aus ellipsometrischen Messungen abgeleitet. Solch eine Oberfläche besäße die nötige Struktur nach Adsorption von O_2 die O-O Bindung zu spalten.

S. Durón et al. [76] untersuchten die Sauerstoffreduktion auf un-geträgerten Ruthenium-Nanopartikeln in 0,5 M H_2SO_4 mittels RRDE bei 25 °C. Das elektrokatalytische Material wurde mittels Pyrolyse von $Ru_3(CO)_{12}$ in versiegelten Ampullen bei 190 °C synthetisiert. Die Ergebnisse zeigen, dass die Reduktion von Sauerstoff mit vier Elektronen abläuft und die H_2O_2 Bildungsrate zwischen 1 - 4 % (0,1 - 0,6 V *vs.* NHE) liegt. Im Potenzialbereich von 0,8 - 0,5 V *vs.* NHE ermittelten die Autoren eine Tafelsteigung von −101 mV/dec und einen Durchtrittsfaktor α von ca. 0,6. Eine Austauschstromdichte i_0 von $7,9 \cdot 10^{-7}$ mA cm^{-2} wurde gefunden.

Malakhov et al. [77] verfolgten mittels EXAFS (*extended x-ray adsorption fine structure*) die Transformation der katalytisch aktiven Zentren während der Sauerstoffreduktion in 0,5 M H_2SO_4 auf den Ruthenium-Chalkogeniden $RuS_{0,80}$, $RuTe_{0,055}$ und $RuSeMo_{0,03}$. Die Resultate zeigen, dass während des elektrokatalytischen Prozesses Sauerstoff direkt an Rutheniumplätze bindet. Zwei Möglichkeiten, wie O_2 an Rutheniumzentren bindet, wurden vorgeschlagen:
- Endständige Koordination, wobei ein O-Atom an Ru bindet,
- 2-fache Koordination, wobei zwei O-Atome an zwei Ru-Atome binden.

Es wird angenommen, dass die Art der Koordination den Mechanismus der Reduktion bestimmt. Die endständige Koordination würde daher ohne Dissoziation der O-O Bindung in einer 2-Elektronen-Reduktion zu H_2O_2 resultieren. Im Gegensatz dazu ermöglicht die 2-fache Koordination die O-O Bindungsspaltung, die zu einer direkten 4-Elektronen Reduktion führt.

Eine andere Möglichkeit der O_2-Adsorption schlugen Prakash et al. [78] vor. Auf der Grundlage ihrer Analyse der Sauerstoffreduktion auf einer rotierenden Ru-Elektrode in 0,1 M KOH könnte O_2 auch auf einem, statt auf zwei, Ru-Oberflächenatom adsorbieren. Anschließend könnte O_2 dissoziieren, woraus sich zwei OH Gruppen pro Ru-Atom bilden.

In einer Arbeit von Alonso-Vante et al. [79] wurden Ru-Clustermaterialien mit geringen Mo Konzentrationen untersucht (($Ru_{1-x}Mo_x)_ySeO_z$ mit $0,02 < x < 0,04$, $1 < y < 3$, $z \approx 2y$). Molybdän soll dabei als Adsorptionsstelle für molekularen Sauerstoff dienen. Die elektrokatalytische Reaktion muss, laut der Autoren, jedoch auf den Ru-Clustern stattfinden. Die Kinetik der Sauerstoffreduktion wurde mittels RRDE in sauerstoffgesättigter 0,5 M H_2SO_4 ermittelt. Ein Maximum von 4 % H_2O_2 wurde bei Potenzialen von 0,6 V *vs.* NHE gebildet.

Zur Evaluierung der Geschwindigkeitskonstanten haben die Autoren das Modell von Damjanovic [62] und die Gleichungen von Hsueh [70] angewandt. Das

Verhältnis der Konstanten k_1/k_2 hat bei 0,6 V den minimalen Wert von 10,6, welches das Maximum der H_2O_2 Bildung begründet.

1.6 Motivation und Ziele

Ausgehend von früheren Ergebnissen [56] ist eine Motivation, durch verschiedene Synthesen und Optimierung der Syntheseparameter die Dispersion der $RuSe_x$-Nanopartikel auf dem Kohlenstoff-Trägermaterial weiter zu erhöhen. Die höhere Dispersion soll gleichzeitig eine größere, katalytisch aktive Oberfläche für die Sauerstoffreduktion zur Verfügung stellen. Ziel dieser verschiedenen Synthesen ist die Realisierung von verschiedenen Strukturen, welche dann die Elektrokatalyse unterschiedlich beeinflussen. Damit könnte man $RuSe_x$ als preisgünstigere Alternative zu Platin als Kathodenkatalysator für DMFCs attraktiv machen.

In dieser Arbeit steht neben der Optimierung der Synthese die elektrochemische Charakterisierung der Katalysatoren im Hinblick auf die elektrochemisch aktive Oberfläche, sowie deren Aktivität für die Sauerstoffreduktion im Mittelpunkt. Ergänzend werden die Katalysatoren physikalisch und strukturell charakterisiert. Vergleiche zwischen Platin-basierten und Ru-basierten Katalysatoren werden gezogen.

2 Experimenteller Teil und Aufbau der Versuche

Im folgenden Abschnitt wird auf den experimentellen Teil näher eingegangen. Zunächst wird der Aufbau der verwendeten Apparaturen für die Synthese von Rutheniumselenid Katalysatoren besprochen.
Anschließend folgt die Beschreibung des Aufbaus der Zellen, mit welchen die Katalysatoren elektrochemisch untersucht wurden. Abschließend wird noch auf das verwendete Transmissionselektronenmikroskop (TEM) eingegangen.

2.1 Verwendete Chemikalien und Trägermaterialien

Als Trägermaterialien für die Katalysatoren wurden Vulcan XC72 und Carbon-Nanofasern verwendet. Vulcan XC72 (Cabot) wurde zuvor mit einer Schlagmühle gemahlen, das so erhaltene Vulcan XC72R wurde für die Synthesen verwendet. Die von der Firma Future Carbon zur Verfügung gestellten Carbon-Nanofasern (Platelet, CNF-PL) sowie die CNF-PL geträgerten Pt und Ru-Katalysatoren wurden ohne weitere Vorbehandlung verwendet.

Die in dieser Arbeit vorgestellten Pt/CNF-PL (5 – 40 wt% Pt) Katalysatoren wurden von Future Carbon zur Verfügung gestellt. Weitere Pt/C Chargen stammen von Alfa Aesar (5 und 20 wt%), sowie ETEK (10 und 40 wt%). Für die $RuSe_x$ Synthesen wurden $Ru_3(CO)_{12}$ (99 %, Alfa Aesar) und Selen (99,999 %, 200 mesh, Alfa Aesar) verwendet. Alle Synthesen wurden aus Sicherheitsgründen im Abzug durchgeführt.

Des Weiteren wurden Aceton (p.a., Merck), Ethanol (p.a., Merck), o-Xylen (reinst, Merck), 1,2-Dichlorbenzen (zur Synthese, Merck), Diethylether (zur Synthese, Merck), Nafion (5 wt%, Du Pont) verwendet. Alle weiteren verwendeten Chemikalien sind in den jeweiligen Kapiteln beschrieben.

Die Glasgeräte wurden vor Verwendung gründlich in Caroscher Säure gereinigt. Als Gase wurden Argon 4.8 sowie Kohlenmonoxid 4.7 verwendet.

2.2 Aufbau mit KPG-Rührer

Die Vollsynthesen von RuSe$_x$/C Katalysatoren erfolgten mittels Thermolyse von Ru$_3$(CO)$_{12}$. Sie wurden in organischen Lösungsmitteln 20 Stunden unter Rückfluss in einer Argon-Atmosphäre durchgeführt. Als Lösungsmittel wurden 1,2-Dichlorbenzen oder o-Xylen verwendet, beide wurden zuvor für mindestens 24 Stunden mit einem Molekularsieb (Perlform, 0,3 nm, Fluka) getrocknet.

Zur Synthese wurde ein 3-Hals Rundkolben mit Dimroth-Kühler (Wasser-kühlung) und einem Tropftrichter verwendet. Um während der Synthese eine größere Homogenität der Suspension und eine ausgeglichene Temperaturverteilung innerhalb des Syntheseansatzes zu gewährleisten, wurde statt eines Rührkerns ein KPG-Rührer mit Welle verwendet, siehe Abbildung 2.1. Zum Heizen diente eine Heizhaube mit regelbarer Leistung. Die obere Hälfte des Rundkolbens wird mit Alufolie abgedeckt um die Wärmeabstrahlung zu minimieren und eine homogenere Temperatur-verteilung im Kolben zu erreichen.

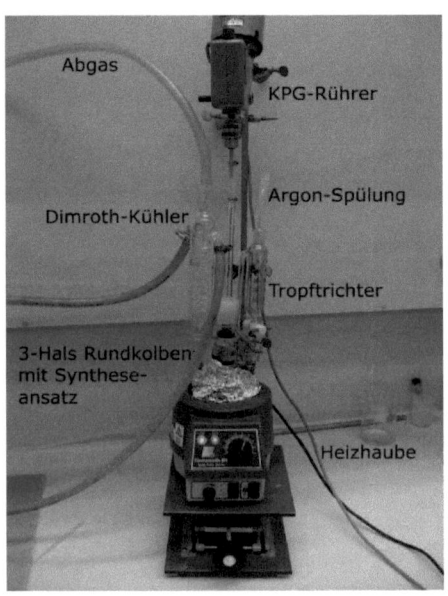

Abbildung 2.1 Aufbau der Syntheseapparatur mit KPG-Rührer.

2.3 Aufbau mit Mikromischern [80]

Um eine rasche und homogene Durchmischung der Selen-Lösung mit dem in der Hitze rasch zerfallenden Rutheniumcarbonyl zu erreichen, wurden Mikromischer (Raupenmischer R1200/8) vom Institut für Mikrotechnik Mainz (IMM) eingesetzt. Diese Mischer sind für das schnelle Mischen von fluiden Phasen konzipiert, die auch feste Partikel beinhalten können. Ein Flussdiagramm dieses Aufbaus ist in Abbildung 2.2 gezeigt. Es werden zwei Stahltanks als Eduktbehälter verwendet (links im Diagramm), die beide mit Argon bedruckt werden (2 bar absolut).
Ein Tank beinhaltet das in o-Xylen gelöste Selen und wird mittels eines Heizmantels auf einer konstanten Temperatur von 120 °C gehalten, um ein vorzeitiges Ausfällen von Selen zu verhindern.
Der andere Tank beinhaltet die Vulcan XC72R/$Ru_3(CO)_{12}$-Suspension und wird nicht beheizt.
Um den Raupenmischer nicht mit Vulcanpartikeln zu verstopfen, wird in die Leitung ein 140 µm Filter eingebaut. Mit Feindosierventilen ist es möglich, die Flussraten der Lösung bzw. der Suspension aus den jeweiligen Eduktbehältern in den Mischer zu regulieren, um ein zeitgleiches Entleeren der Behälter zu gewährleisten.

Der Mikromischer selbst steht in einem beheizten Ölbad (T = 120 °C), um auch im Mischer ein vorzeitiges Ausfällen von Selen zu verhindern. Der Ausgang des Mikromischers ist mit einem Hals des Rundkolbens verbunden, wo die Synthese, ähnlich wie in Kapitel 2.2, 20 Stunden unter Rückfluss (T ≈ 142 °C) und Rühren mittels KPG-Rührer fortgeführt wird.

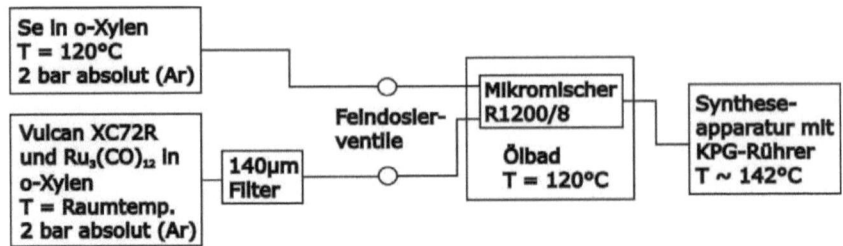

Abbildung 2.2 Vereinfachtes Blockdiagramm für den Aufbau mit Mikromischern. Die Syntheseapparatur (rechts im Diagramm) entspricht jener aus Abbildung 2.1, jedoch mit einem 4-Hals Rundkolben. Links im Diagramm die beiden bedruckten Eduktbehälter.

2.4 Elektrochemische Zelle zur Bestimmung der aktiven Katalysator-Oberflächen

Für die Bestimmung der elektrochemisch aktiven Oberflächen der kohlenstoffgeträgerten Katalysatoren wird eine konventionelle Glaszelle mit 3-Elektroden-Aufbau und einem Blasenzähler, welcher das Eindiffundieren von Sauerstoff verhindert, verwendet [81]. Die Arbeitselektrode ist eine polierte glassy carbon Elektrode (GC, 7 mm Durchmesser, 0,385 cm^2 geo-metrische Fläche, Sigradur G Hochtemperaturwerkstoffe), die als Substrat für die zu untersuchenden, pulvrigen Katalysatoren dient. Vor jeder Messung werden die GC Elektroden 15 Minuten in Ethanol im Ultraschallbad gereinigt. Der zu untersuchende Katalysator wird eingewogen und ein entsprechendes Aliquot einer 0,05 wt% Nafion/Ethanol Lösung zugegeben, sodass die Konzentration stets 5 mg$_{Katalysator}$ ml$^{-1}_{Suspension}$ beträgt. Diese Suspension wird nun 15 min im Ultraschallbad behandelt und anschließend sofort ein Aliquot von 6,8 oder 13,6 µl auf die trockene GC pipettiert, was einer Beladung von 177 bzw. 88 µg$_{Katalysator}$ cm^{-2} entspricht. Die Elektrode wird nun circa 40 Minuten an Luft getrocknet um das Ethanol zu verdampfen und den Katalysator mit Nafion an die GC Elektrode zu fixieren.

Das Elektrolytvolumen beträgt circa 70 ml und wird mit Argon vor jeder Messung circa 40 Minuten sauerstofffrei gespült. Während der Messungen wird Argon über den Elektrolyten gespült, um ein Eindiffundieren von Sauerstoff zu verhindern. Ein

Platinblech von 2 x 2 cm dient als Gegenelektrode, als Referenzelektrode wird eine Hg/Hg$_2$SO$_4$/0,5 M H$_2$SO$_4$ Elektrode (Schott) verwendet. Alle Potenziale werden auf NHE umgerechnet. Ein Autolab PGSTAT 20 (Eco Chemie) wird als Potentiostat verwendet.

Zur Herstellung der Elektrolyte wird 98 % H$_2$SO$_4$ (p.a., Merck), destilliertes Wasser (18 MΩ·cm, Millipore Milli-Q System) sowie CuSO$_4$ (p.a., Merck) verwendet. Als Gase werden CO 4.7 und Argon 4.8 verwendet.

Vor den eigentlichen Messungen werden die Katalysatoren elektro-chemisch „gereinigt". Das heißt, es werden zyklische Voltammogramme mit 100 mV s^{-1} im Potenzialbereich 0 - 1,23 V *vs.* NHE (für Platin) bzw. 0 - ca. 0,8 V *vs.* NHE (für Ruthenium-basierte) aufgenommen, bis (nach etwa 20 Zyklen) stabile Voltammogramme erhalten werden.

Es wurden drei elektrochemische Techniken zur Bestimmung der aktiven Oberflächen von Katalysatoren angewandt. Diese sind die Wasserstoff- (H-upd) sowie die Kupfer-Unterpotenzialabscheidung (Cu-upd) als auch *CO-Stripping*. Alle diese Methoden sind in Kapitel 5 näher beschrieben.

2.5 RDE und RRDE

Die Kinetik der Sauerstoffreduktion auf den Pt- und Ru-basierenden Katalysatoren wurde mittels RDE (*rotating disc electrode*) und RRDE (*rotating ring disc electrode*) Messungen in sauerstoffgesättigten Elektrolyten untersucht. Im Folgenden sollen nun diese elektrochemischen Versuchsanordnungen beschrieben werden.

2.5.1 RRDE Aufbau und Messmethodik

Eine rotierende Au-Scheibe/Pt-Ring Elektrode (RRDE, Pine Instruments), in Teflon eingefasst, dient als Arbeitselektrode, siehe Abbildung 2.3. Der Radius der Scheibe beträgt 2,285 mm, der Innenradius des Pt-Rings 2,465 mm, der äußere 2,69 mm. Die Au-Scheibe hat daher eine geometrische Fläche von 0,164 cm^2, der Pt-Ring 0,037 cm^2. Der Durchmesser der Teflonfassung beträgt 13,5 mm. Ein Rotator

(AFMSRX, Pine Instruments) dient zur Einstellung der gewünschten Rotationsgeschwindigkeit ω.

Als Referenzelektrode wird eine Hg/Hg$_2$SO$_4$/0,5 M H$_2$SO$_4$ Elektrode (Schott), ein Platinblech (2 x 2,5 cm) als Gegenelektrode verwendet. Alle Potenziale wurden auf NHE umgerechnet. Als Potentiostat wird ein Autolab PGSTAT 30 (Eco Chemie) verwendet.

Das Elektrolytvolumen beträgt etwa 35 ml. Zur Herstellung der Elektrolyte wird 98 % H$_2$SO$_4$ (Merck), 70 % HClO$_4$ (suprapur, Merck), destilliertes Wasser (18 MΩ·cm, Millipore Milli-Q System) sowie O$_2$ und Ar 4.8 verwendet.

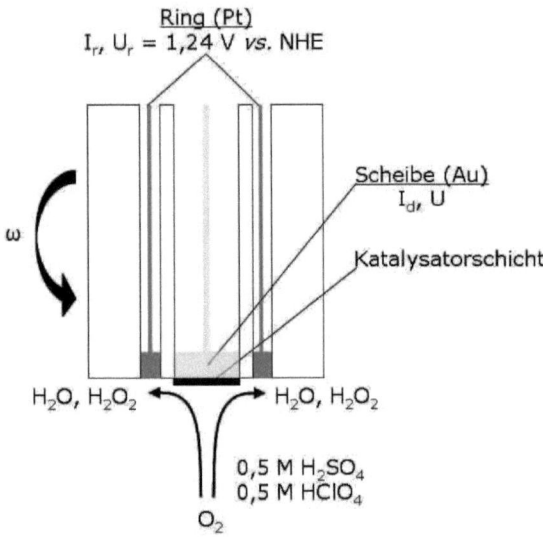

Abbildung 2.3 Schematischer Aufbau der in Teflon gefassten Au/Pt-RRDE mit Katalysator-schicht in sauerstoffgesättigten aciden Elektrolyten. Der Pt-Ring wurde stets auf einem Potential von U$_r$ = 1,24 V vs. NHE gehalten.

Vor jeder Messung wird die Elektrode mit einer Al$_2$O$_3$-Suspension (0,05 µm, *Masterprep*, Buehler) poliert und gründlich mit dest. Wasser gespült. Auch hier wird, wie in Kapitel 2.2 (Bestimmung der aktiven Katalysator-Oberflächen), der zu untersuchende Katalysator eingewogen und ein entsprechendes Aliquot einer 0,05 wt% Nafion/Ethanol Lösung zugegeben, sodass die Konzentration stets 5 mg$_{Katalysator}$ ml^{-1}$_{Suspension}$ beträgt. Diese Suspension wird 15 min im Ultraschallbad behandelt und anschließend ein Aliquot von 5,8 µl auf die trockene Au-RRDE pipettiert, was einer Be-ladung von 177 µg$_{Katalysator}$ cm^{-2} entspricht, siehe auch Abbildung 2.3. Die Elektrode wird nun circa 40 Minuten an Luft getrocknet um das Ethanol zu verdampfen und den Katalysator mit Nafion an die Au-RRDE zu fixieren. Anschließend wird die Elektrode in die Zelle eingebaut und der Elektrolyt mit Argon sauerstofffrei gespült (ca. 40 Minuten). Danach werden Zyklo-voltammogramme mit 100 mV s^{-1} im Potenzialbereich 0 - 1,23 V *vs.* NHE (für Platin) bzw. 0 - ca. 0,8 V *vs.* NHE (für Ruthenium-basierte Kata-lysatoren) aufgenommen, bis nach etwa 20 Zyklen stabile Voltammo-gramme erhalten werden. Während der Messungen wird Argon über den Elektrolyten gespült. Für die Untersuchungen der Sauerstoff- reduktion wird O$_2$ 40 Minuten vor Beginn der Messung durch den Elektrolyten und während der Messung über den Elektrolyten gespült, um einen sauerstoffgesättigen Elektrolyten zu gewährleisten.

Die Messungen erfolgen bei fünf Umdrehungsgeschwindigkeiten (ω = 100, 400, 900, 1600 und 2500 Umdrehungen pro Minute). Es werden pro Rotationsgeschwindigkeit Voltammogramme mit einer Vorschub-geschwindigkeit von 5 mV s^{-1} aufgenommen, ausgehend vom Ruhepotenzial (OCP, *open circuit potential*) in kathodische Richtung bis etwa 0,2 V *vs.* NHE und zurück zum Ruhepotenzial. Das Potenzial des Pt-Rings U$_r$ wird stets bei 1,24 V *vs.* NHE gehalten, da bei diesem Potenzial H$_2$O$_2$ unter Diffusionslimitierung zu O$_2$ oxidiert wird. Sowohl der Ringstrom I$_r$ als auch der Scheibenstrom I$_d$ werden als Funktion der Rotations-geschwindigkeit ω und des Scheibenpotenzials U aufgezeichnet.

2.5.2 RDE Aufbau und Messmethodik

Der RDE Aufbau entspricht bis auf wenige Unterschiede dem des RRDE Aufbaus. Die RDE hat eine Goldscheibe mit 3 mm Radius, die Teflonfassung einen Durchmesser von 16,5 mm. Die geometrische Goldoberfläche berechnet sich daher zu 0,283 cm^2. Das Elektrolytvolumen beträgt circa 250 ml. Die Messungen mit der RDE erfolgen analog jenen der RRDE.

2.6 Berechnung des Diffusionspotenzials

Für die elektrochemischen Messungen in 0,5 M H_2SO_4 bzw. 0,5 M $HClO_4$ wird, wenn nicht anders angegeben, eine Hg/Hg_2SO_4/0,5 M H_2SO_4 Elektrode (Schott) als Referenzelektrode verwendet. Alle Potenziale werden auf NHE umgerechnet. Bei Messungen in 0,5 M $HClO_4$ müssen jedoch Korrekturen bei der Umrechnung des Potenzials einbezogen werden. Aufgrund der unterschiedlichen chemischen Potenziale der Ladungsträger (H^+, HSO_4^- und ClO_4^-) in den zwei benachbarten Phasen (0,5 M H_2SO_4 der Referenzelektrode und 0,5 M $HClO_4$ des Elektrolyten) bildet sich ein Diffusionspotenzial ΔU_{diff} aus.

Mit der Gleichung von Henderson [18] können auftretende Diffusionspotenziale an flüssig-flüssig Phasengrenzen berechnet werden. Phase I ist daher 0,5 M H_2SO_4, Phase II ist 0,5 M $HClO_4$. Mit

$$a_{H^+}(I) - a_{H^+}(II) = 0$$
$$a_{HSO_4^-}(I) - a_{HSO_4^-}(II) = 0,5$$
$$a_{ClO_4^-}(I) - a_{ClO_4^-}(II) = -0,5$$

ergibt sich ein Diffusionspotenzial ΔU_{diff} = −1,07 mV. Diese geringe Potenzialdifferenz wird bei den Umrechnungen jedoch vernachlässigt.

2.7 Transmissionselektronenmikroskop (TEM) [82]

Die TEM Untersuchungen für die Charakterisierung der Katalysatorproben wurden standardmäßig mit einem JEOL JEM2010 Mikroskop durchgeführt. Typische Hellfeldaufnahmen (LaB_6 Kathode) wurden bei einer Beschleu-nigungsspannung von 120 kV aufgenommen. Wenn nicht anders angegeben, wurde eine Vergrößerung von 150.000 gewählt. Der Defokus wurde in die Nähe des Scherzer Defokus des Mikroskops gelegt, um die beste Punktauflösung zu erhalten. Die Detektion und Digitalisierung der TEM Bilder erfolgte mittels einer TVIPS 1k ss-CCD Kamera.

Die Übersichtsmessungen an den Katalysatoren erfolgten bei 10.000 – 25.000-facher Vergrößerung, der Defokus lag dabei größer als 1000 nm.

HRTEM (*high resolution TEM*) Messungen wurden bei 120 kV in der Nähe des Scherzer Defokus gemessen, die Vergrößerungen betrugen 300.000 bis 800.000.

Zusätzliche TEM Untersuchungen wurden mit einem FEI Tecnai G2 FEG20 durchgeführt. Hierbei wurden Aufnahmen mit einem Raster-Transmissionselektronenmikroskop (STEM, *scanning transmission electron microscope*) bei 200 kV mit HAADF (*high-angle annular dark field*) Detektion mittels einer 2k ss-CCD Kamera gemacht.

Die Probenpräparation erfolgte mittels Standard-Trockenpräparation. Die Katalysatorproben wurden dabei direkt auf ein Kupfernetz, welches mit einer Kohlenstoff-Lochfoile beschichtet ist (*holey carbon Cu-grid*, Quantifoil R2/1), aufgetragen.

3 Synthesen von RuSe$_x$ – Katalysatoren

3.1 Vulcan und CNF-PL als Kohlenstoff-Trägermaterial

Kohlenstoffe eignen sich in der heterogenen Katalyse aus verschiedenen Gründen als Trägermaterialien [83]. Diese sind (i) ihre chemische Resistenz gegen acide und basische Substanzen, (ii) die Möglichkeit, die Porosität und die Oberflächenchemie bis zu einem gewissen Grad zu steuern und (iii) die einfache Wiedergewinnung der (Edel)metallpartikel, indem das Trägermaterial oxidiert wird.

Die Aufgabe des Kohlenstoff-Trägermaterials ist eine hohe Dispersion und Stabilisierung der Metall-Nanopartikel [84]. Dadurch wird eine viel größere Zahl an katalytisch aktiven Atomen im Vergleich zum entsprechenden bulk-Material zur Verfügung gestellt, auch wenn Letzteres zu einem feinen Pulver gemahlen wird.

Vulcan XC72 in Pelletform bzw. Vulcan XC72R in Pulverform (Cabot Corp.) sind technische Ruße und werden industriell als Standard-Trägermaterial verwendet [85, 86]. Eine Alternative zu Vulcan als Trägermaterial stellen Carbon-Nanofasern (CNF) dar, welche bei der Zersetzung von kohlenstoffhaltigen Gasen (z.B. CO) bei circa 600 °C auf Eisenoberflächen katalytisch aufwachsen [87, 88]. Carbon-Nanofasern der Platelet-Struktur (CNF-PL) bestehen aus parallelen Graphenschichten, die senkrecht zur Faserachse stehen (siehe Abbildung 3.1a). Die Abstände zwischen den Ebenen betragen 0,335 bis 0,34 nm, welche dem des Graphits ent-sprechen. Die typischen Durchmesser betragen 50 bis 500 nm [87]. Carbon-Nanofasern können auch in der „Ribbon" (CNF-R) oder „Herring-bone"-Struktur (CNF-H) wachsen, sie sind in Abbildung 3.1.b und c gezeigt. Auf diese beiden Strukturen wird nicht näher eingegangen, da in dieser Arbeit nur CNF-PL verwendet wurden.

Im Unterschied zu herkömmlichen Graphitmaterialien oder Carbon-Nanotubes (CNT), bei welchen hauptsächlich die Graphenfläche exponiert ist, sind bei CNF die Ränder die dominierende Struktur.

Die Natur des Kohlenstoff-Trägers hat erhebliche Auswirkungen auf die Aktivität des (Metall-)Katalysators. Bessel et al. [89] zeigten, dass ein 5 wt% Pt/CNF-PL Katalysator eine 400 % höhere Aktivität in Bezug auf die Methanoloxidation aufweist als ein vergleichbarer 5 wt% Pt/Vulcan Katalysator in 0,5 M CH$_3$OH/0,5 M H$_2$SO$_4$ bei 40 °C.

Diese bemerkenswerte Aktivitätssteigerung wird auf verschiedene Gründe zurückgeführt. CNFs werden über einen schwefelfreien Prozess synthetisiert, während Vulcan beträchtliche Mengen (ca. 6000 ppm) an schwefelhaltigen Verunreinigungen beinhalten kann, die den Katalysator (Platin) vergiften können. Weiter sind die höhere elektrische Leitfähigkeit (Carbon-Nanofasern ≈10^{-3} Ω·cm, Carbon black ≈0,5 Ω·cm [90]), sowie eine geeignetere kristallografische Orientierung der Platinpartikel, als Resultat einer hohen Wechselwirkung der Partikel mit dem CNF-Trägermaterial, als Ursachen anzuführen.

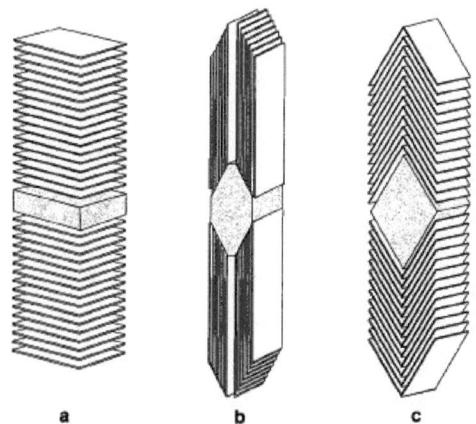

Abbildung 3.1 Schematische Darstellungen von Carbon-Nanofasern (CNF) in a) Platelet Struktur (CNF-PL), b) Ribbon Struktur (CNF-R) und c) Herringbone Struktur (CNF-H) (aus [89]).

Wichtige Parameter der Trägermaterialien sind (i) die Porosität, (ii) die Porengrößenverteilung und (iii) die BET-Oberfläche (Brunauer-Emmet-Teller). Tabelle 3.1 gibt eine Übersicht der BET-Oberflächen der verschiedenen Materialien.

Tabelle 3.1 Übersicht der BET-Oberflächen (m^2 g^{-1}) von verschiedenen Kohlenstoff-Trägermaterialien mit Angabe der Referenzen.

Kohlenstoff-Trägermaterial	BET-Oberfläche (m^2 g^{-1})
Vulcan XC72	232 [86]
Vulcan XC72R	241 [86]
CNF-PL	115 [91]

Im Rahmen dieser Arbeit wurden Vulcan XC72R und Carbon-Nanofasern des Typs Platelet (CNF-PL) der Firma Future Carbon als Kohlenstoff-Trägermaterialien verwendet.

Im Folgenden sollen nun die verwendeten Syntheserouten vorgestellt werden. Diese orientieren sich an publizierten Synthesen, e.g. Ref. [92, 93], wurden aber im Hinblick auf eine höhere Dispersion und größere Homogenität modifiziert. Dabei wurde auch das Stoffmengenverhältnis Ru:Se variiert, um den Einfluss der Selenbedeckung auf die Sauerstoffreduktion zu untersuchen.

Prinzipiell steht eine Reihe von Möglichkeiten für die Synthese von elektrokatalystischen Materialien zur Verfügung wie z.B. Reduktion von Metall-salzen oder Elektroabscheidung (siehe Ref. [94] und dortige Referenzen). In dieser Arbeit wurde als Syntheseroute die Thermolyse von Metallcarbonylen verwendet, da diese Methode einfach und unter milden Bedingungen (T ≈ 140 − 180 °C) durchgeführt werden kann. Als Edukte werden neutrale Rutheniumcarbonyle (Ru$_3$(CO)$_{12}$) und elementares Selen verwendet.

Es ist aus der Literatur bekannt, dass die Synthese mit Ru$_3$(CO)$_{12}$ als Ausgangsmaterial wie folgt abläuft [94]:

$$Ru_3(CO)_{12} + y \cdot X \rightarrow \left[Ru_xX_y(CO)_z\right] \rightarrow Ru_xX_y + z \cdot CO \qquad (3.1)$$

mit X = S, Se, Te.

Die Synthese in organischen Lösungsmitteln (Xylen, Dichlorbenzen) führt in den ersten 60 Minuten der Synthese zuerst zu einer clusterähnlichen Verbindung [$Ru_xX_y(CO)_z$], die als $Ru_4Se_2(CO)_{11}$ mittels NMR Analyse identifiziert wurde. Die Natur des Lösungsmittels ist aufgrund der Koordinationschemie für die Synthese entscheidend, 1,2-Dichlorbenzen ist sehr selektiv für die Bildung von $Ru_4Se_2(CO)_{11}$ [95]. Durch den Verlust der Carbonylgruppen im weiteren Verlauf der Reaktion entsteht nach vollständiger Synthese (20 Stunden) das clusterähnliche Material Ru_xX_y. Die Zugabe von Trägermaterialen liefert dementsprechend geträgertes Ru_xX_y [94].

3.2 RuSe$_x$ – Synthesen mit Vulcan

<u>Synthese A: 1,2-Dichlorbenzen, KPG-Rührer</u>

80 ml getrocknetes 1,2-Dichlorbenzen (Siedepunkt 180 °C) wurde im Rundkolben vorgelegt und 30 min mit Argon 4.8 sauerstofffrei gespült. 19,05 mg Selenpulver wurden mit 20 ml Dichlorbenzen eingebracht und unter Rückfluss und Argon-Atmosphäre erhitzt, bis nach etwa einer Stunde Selen in Lösung ging und sich die vorher farblose Lösung gelb-orange gefärbt hat. 74,51 mg $Ru_3(CO)_{12}$ wurden im Ultraschall in etwa 50ml O_2-freiem Lösungsmittel gelöst und der heißen Selenlösung langsam zugetropft. Anschließend wurde eine Suspension von 77 mg gemahlenem Vulcan, welches zuvor ebenfalls in etwa 50 ml O_2-freiem Dichlorbenzen mittels Ultraschall suspendiert wurde, in den Syntheseansatz zugetropft. Nach dieser Zugabe wurde die Suspension 20 Stunden unter Rückfluss erhitzt, der erhaltene Katalysator wurde auf einer Filternutsche (Porosität 4) unter Zuhilfenahme einer Wasserstrahlpumpe abfiltriert. Abschließend wurde der Katalysator auf der Filternutsche mehrmals mit Diethylether gewaschen, um Spuren von nichtreagierten Edukten zu entfernen.

Der erhaltene Katalysator besitzt nach den Einwaagen eine Zu-sammensetzung von 27 wt% Ru und 14,5 wt% Se, und nominell „$Ru_{1,5}Se$".

Synthese B: o-Xylen, KPG-Rührer

Die Synthesen in o-Xylen (Siedepunkt ≈142 °C) erfolgten leicht modi-fiziert. Die Ru-Lösung und die Vulcan-Suspension wurden hierbei nicht nacheinander zugegeben. Stattdessen wurde zuvor eine einzige, O_2-freie Suspension von $Ru_3(CO)_{12}$ und Vulcan in Xylen hergestellt und 15 min im Ultraschallbad behandelt. Diese Suspension wurde dann langsam der heißen Selen-Lösung zugetropft und anschließend weiter wie in Synthese A verfahren. Der Katalysator hat die nominelle Zusammensetzung „$Ru_{1,5}Se$", bzw. 26 wt% Ru und 13,4 wt% Se.

Synthese C: o-Xylen, KPG-Rührer

Hier wurde wie in Synthese B verfahren, jedoch ein kleineres Verhältnis Selen zu Ruthenium angesetzt. Konkret wurden 343,25 mg $Ru_3(CO)_{12}$ und 429 mg Vulcan XC72R in 500 ml getrocknetem Xylen, sowie 37,93 mg Selen in 500 ml getrocknetem Xylen angesetzt. Die Zusammensetzung des Katalysators nach Einwaagen beträgt 26 wt% Ru und 6 wt% Se, nominell „$Ru_{3,35}Se$".

Synthese D: o-Xylen, Mikromischer

14,10 mg Selen wurden in 250 ml trockenes o-Xylen in einer Argon-Atmosphäre unter Rückfluss gelöst. Parallel dazu wurden 114,39 mg $Ru_3(CO)_{12}$ und 128 mg Vulcan XC72R in 500 ml trockenen o-Xylen mittels Ultraschall suspendiert, ebenfalls unter Argon. Beide Ansätze wurden in den jeweiligen Eduktbehälter gegeben und mit Argon auf 2 bar absolut bedruckt. Der 4-Hals-Rundkolben (Heizhaube) und der Raupenmischer wurden vorgeheizt. Aufgrund der unterschiedlichen Volumina der Ansätze konnte mittels geeigneter Einstellung der Feindosierventile ein möglichst zeitgleiches Entleeren der Eduktbehälter gewährleistet werden. Die Dauer des Mischens betrug knapp 14 Minuten, die Flussraten wurden daher zu 18,5 ml min^{-1} für die Se-haltige Lösung und 37 ml min^{-1} für die Ruthenium-Vulcan Suspension berechnet. Nachdem sich das gesamte Reaktionsgemisch im Rundkolben befand, wurde wie in Synthese A weiter fortgefahren. Der erhaltene Katalysator hat nach den Einwaagen eine Zusammensetzung von 27,8 wt% Ru und 7,2 wt% Se, entspricht also no-minell „Ru_3Se".

3.3 RuSe$_x$ - Synthesen mit CNF-PL

<u>Synthese E: o-Xylen, KPG-Rührer</u>

Bei der Synthese eines RuSe$_x$/CNF-PL Katalysators wurde ähnlich verfahren wie in Synthese B: 250 ml getrocknetes Xylen wurden im Rundkolben vorgelegt und mit Argon entgast. 21,28 mg Selenpulver wurden zugegeben und circa eine Stunde unter Rückfluss erhitzt (Heizhaube), bis die Lösung eine gelb-orange Färbung angenommen hatte. 190,78 mg $Ru_3(CO)_{12}$ und 239 mg CNF-PL wurden in O_2-freiem, trockenem o-Xylen mittels Ultraschall suspendiert (15 min), und der heißen Selen-Lösung langsam zugetropft. Nach 20 stündiger Synthese unter Rückfluss wurde der erhaltene Katalysator abfiltriert (Filternutsche, Porosität 4), mit Diethylether mehrmals gewaschen und einige Tage bei 90°C im Ofen getrocknet. Die Zusammensetzung des Katalysators nach Einwaagen beträgt 26 wt% Ru und 6 wt% Se, nominell „$Ru_{3,35}Se$".

4 Physikalische und strukturelle Charakterisierung der Katalysatoren

In diesem Kapitel sollen nun die Methoden und Ergebnisse der physikalischen und strukturellen Charakterisierung der verwendeten Katalysatoren erfolgen.

Zu diesen Methoden zählt die Transmissionselektronenmikroskopie (TEM, *transmission electron microscope*). TEM Untersuchungen sind die Standard-Methode, um Katalysatoren schnell und zuverlässig in Bezug auf Größe der Partikel und deren Verteilung auf dem Trägermaterial zu charakterisieren [82]. Für Betrachtungen darf die Probendicke maximal die mittlere freie Weglänge der Elektronen betragen. Diese ist von der Beschleunigungsspannung abhängig.

Hochauflösende elektronenmikroskopische Messungen (HRTEM, *high resolution TEM*) wurden insbesondere für die Charakterisierung der Nanostrukturen des Kohlenstoff-Trägermaterials herangezogen. HRTEM Messungen können mit ihrer hohen Auflösung im sub-Angström Bereich unter bestimmten Bedingungen Informationen über die Struktur und Gitterabstände der Trägermaterialien liefern.

Beim Raster-Transmissionselektronenmikroskop (STEM, *scanning trans-mission electron microscope*) werden die Rastereigenschaften eines SEM mit der höheren Auflösung eines TEM kombiniert.

Mit einem HAADF (*high-angle annular dark field*) Detektor werden Elektronen erfasst, die zu großen Winkeln gestreut werden. Bei einem STEM mit HAADF Detektor können daher kleine Partikel höherer Ordnungszahl Z in einer Matrix von leichteren Elementen abgebildet werden (so genannter Z-Kontrast), da der Kontrast proportional zu Z^2 ist [81].

Ergänzend zu TEM Untersuchungen liefert die Rasterelektronen-mikroskopie (SEM, *scanning electron microscope*) morphologische und topographische Informationen über die Oberfläche der Katalysatoren. Die Probendicke stellt bei dieser Technik kein Problem dar. Die untere Auflösungsgrenze liegt jedoch bestenfalls bei wenigen nm.

Sowohl TEM als auch SEM Untersuchungen wurden fallweise in Kombi-nation mit einem EDX (*energy dispersive x-ray spectroscopy*) Analysator durchgeführt, um eine (quantitative) Elementanalyse auf definierten Bereichen der Proben durchzuführen.

Darüber hinaus wurden einige Katalysatoren mittels Röntgenbeugung (XRD, *x-ray diffraction*) untersucht, um Informationen über vorhandene Kristallflächen und mittlere Partikeldurchmesser zu erhalten. Ein Rutheniumselenid-Katalysator wurde im Rahmen des Projekts „O2RedNet" dem DLR (Deutsches Zentrum für Luft- und Raumfahrt, Stuttgart) zur Verfügung gestellt. Innerhalb dieser Kooperation wurden an diesem Katalysator Temperatur-programmierte Reduktion (TPR, *temperature programmed reduction*), Röntgen-Photoelektronenspektroskopie (XPS, *x-ray photoelectron spectroscopy*) sowie elektrochemische Messungen durchgeführt.

XPS ist eine etablierte Methode zur Analyse von Energiezuständen in Atomen und wird insbesondere zur Analyse von Oberflächen von Festkörpern verwendet.

Die Temperatur-Programmierte Reduktion ist eine Technik, die in der heterogenen Katalyse zur Charakterisierung der wesentlichen chemischen und strukturellen Merkmale von Feststoffen und Katalysatoren genutzt wird. Diese Technik umfasst die Reduzierbarkeit eines Stoffes durch ein Gas (meist H_2) in Abhängigkeit der Temperatur. Damit können Aussagen über die Stabilität von Oxiden unter Brennstoffzellen-ähnlichen Be-dingungen getätigt werden.

4.1 Ergebnisse der TEM / TEM-EDX und SEM-EDX Untersuchungen

In diesem Kapitel werden die Resultate der TEM / TEM-EDX und SEM-EDX Untersuchungen präsentiert. Es werden sowohl die Ergebnisse der synthetisierten $RuSe_x$-Katalysatoren (Synthesen A bis E), als auch der kommerziell erhältlichen Ru und Pt Katalysatoren, diskutiert. Die kommerziellen Katalysatoren dienen in dieser Arbeit als Referenzsystem. An diesem System war es möglich, die in eigener Herstellung syntheti-sierten $RuSe_x$/C Katalysatoren zu gewichten.

Ziel war eine systematische Charakterisierung aller Katalysatoren, die Hellfeld Aufnahmen standen dabei im Mittelpunkt der Untersuchungen. Schwierigkeiten bei den Untersuchungen mittels TEM bei geträgerten Katalysatoren ergeben sich einerseits durch die Variation der Dicke des Trägermaterials und die damit verbundenen Änderungen des Bildkontrasts [82]. Anderseits wird die Auswertung durch sub-nm Partikel erschwert, die vom Trägermaterial schwer unterschieden werden können. Grund dafür ist das geringe Signal/Rausch-Verhältnis.

Ein modifiziertes Bildauswertungsverfahren (*advanced image processing*), welches einen *local adaptive threshold* (LAT) [96-100] verwendet, wurde von Bele et al. erfolgreich für die Untersuchungen von Pt-Nanopartikel auf glassy carbon (GC) angewandt [82]. Hier wird im Unterschied zu einem *global threshold* die Aufnahme zuerst in überlappende *sub-images* unterteilt, auf welche dann der LAT angewandt wird. Ein Schema dieses Verfahrens ist in Abbildung 4.1 gezeigt. Das modifizierte Bildauswertungsverfahren ist jedoch ein zeitaufwändiges Verfahren. Da viele TEM Aufnahmen, typischerweise zwischen 30 und 60 Bilder und damit mehr als 300 Partikel, für repräsentative Aussagen ausgewertet werden, ist eine entsprechende Zeit für den Rechenprozess (Iterationen) und für das Auswerteverfahren zu erwarten. Diese hängt von der Qualität der Rohdaten und der damit zusammenhängenden Anzahl von erforderlichen *sub-images* ab [82]. Dieses Verfahren wurde für die Katalysatoren, die in dieser Arbeit verwendet worden sind, angewandt. Es sollen daraus verlässliche und statistisch aussagekräftige Informationen über die Verteilung der Partikelgrößen (in Form von Histogrammen), Partikeldurchmesser, Abstände zwischen den Partikeln und das Verhältnis Fläche (Partikel) : Fläche (Trägermaterial) gewonnen werden.

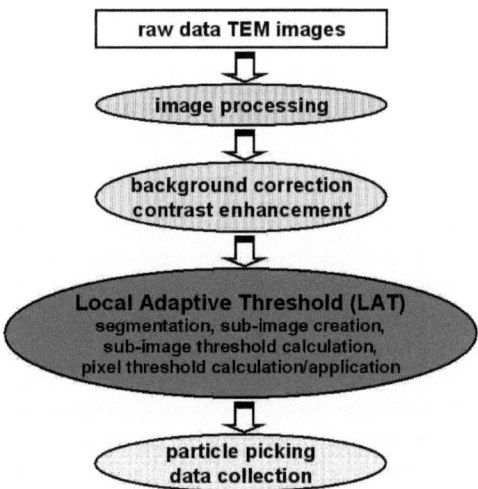

Abbildung 4.1 Schema des modifizierten Bildauswertungsverfahrens *Advanced image processing*, welches einen *local adaptive threshold* (LAT) verwendet (aus [82]).

Zur Auswertung der Partikelgrößenverteilung wurden verschiedene Partikeldurchmesser angegeben. Sie sind wie folgt definiert:

d_{mean} ist der statistische, mittlere Durchmesser aller ausgewerteten Partikel. d_{Fit} ist der Mittelwert, wenn der Partikelgrößenverteilung eine logarithmische Normalverteilung angepasst wird. d_{median} beschreibt jenen Durchmesser, bei welchem 50 % aller Partikel einen größeren, sowie 50 % einen kleineren Durchmesser besitzen.

Je übereinstimmender die drei Durchmesser (d_{mean}, d_{Fit} und d_{median}) sind, desto homogener ist die Größenverteilung der Partikel.

Wenn nicht anders vermerkt werden die Rohdaten gezeigt, d.h. ohne jegliche Bildbearbeitung.

4.1.1 Synthetisierte Katalysatoren mit Vulcan als Trägermaterial

Zunächst sollen nun jene Katalysatoren diskutiert werden, die Vulcan als Trägermaterial besitzen. Es werden zunächst die synthetisierten $RuSe_x/C$

Katalysatoren, anschließend die kommerziellen Pt und Ru Katalysatoren, die als Referenz dienen, gezeigt.

Synthese A: Ru(27 wt%)Se(14,5 wt%)/Vulcan [80]

Die TEM Aufnahmen dieses Katalysators, der in 1,2-Dichlorbenzen synthetisiert wurde, stammen von zwei verschiedenen Mikroskopen (Abbildung 4.1, links und rechts). Auf diesem Katalysator sind zwei Regime bezüglich der Verteilung der Partikeldurchmesser beobachtbar. In der Abbildung 4.1 (links) sind Nanopartikel (< 15 nm) mit hoher Dispersion zu erkennen. In einer zusätzlichen Messung finden sich gleichzeitig zu diesen Nanopartikel auch größere Partikel, die bereits Ansätze von hexagonal geformten Mikrokristalliten zeigen (siehe Abbildung 4.1, rechts).

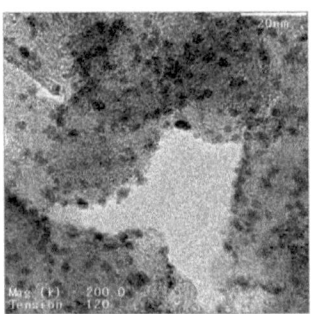 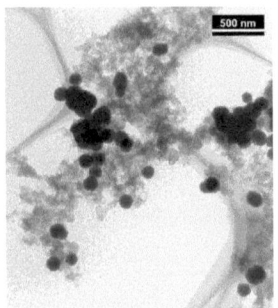

Abbildung 4.1 Typische TEM Aufnahme (Rohdaten, links: 120 kV, 200k Vergrößerung, rechts: 200 kV) des RuSe$_x$/C Katalysators, der nach der Syntheseroute A hergestellt wurde. Links Bereiche mit hoher Dispersion von kleinen Partikeln, rechts Bereiche mit größeren Partikeln (100 - 200 nm Durchmesser). Die TEM Aufnahme (rechts) wurde von N. Benker (TU Darmstadt) durchgeführt.

Es ist schwierig zu unterscheiden, ob es sich dabei um einzelne große Partikel handelt, die aufgrund der 2-Dimensionalität der Aufnahme als überlagert erscheinen, oder um tatsächliche Agglomerate mehrerer Partikel.

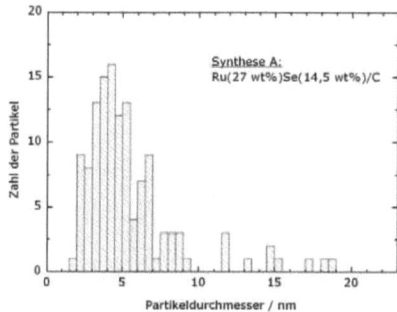 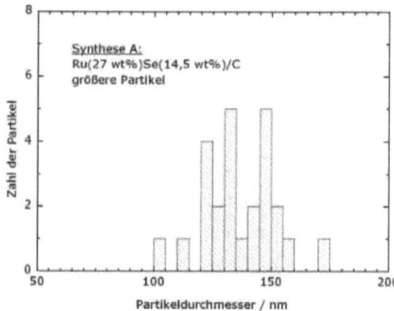

Abbildung 4.2 Links eine Übersicht der Partikelgrößen der Nanopartikel, rechts jene für die größeren Partikel. Die Nanopartikel besitzen einen durchschnittlichen, mittleren Durchmesser von 5,8 nm, während er 140 nm für die größeren Partikel beträgt.

Der Durchmesser von eindeutig unterscheidbaren, einzelnen Mikrokristalliten beträgt etwa 100 - 200 nm. Es wurden zu wenige TEM Aufnahmen gemacht, um eine verlässliche Statistik über die Partikelgrößenverteilung bzw. einen Fit zu erstellen. Die Übersichten der ausgewerteten Partikelgrößen sind in Abbildung 4.2 gezeigt. Eine TEM-EDX Analyse (N. Benker, TU Darmstadt) [101] ergab, dass die Zusammensetzungen der kleineren und der größeren Partikel unterschiedlich sind. Ein Ru:Se Verhältnis von 1:2 wurde für die größeren Partikel gefunden. Dieses kann der Bildung von $RuSe_2$ zugeordnet werden, welche die einzig thermodynamisch stabile Verbindung im Phasendiagramm Ru-Se ist. Möglicherweise hat hier der hohe Siedepunkt des Lösungsmittels (180 °C) zur Bildung der thermodynamisch stabilen Phase $RuSe_2$ beigetragen. Für die kleineren Partikel (Abbildung 4.1, links) wurden Ru:Se Verhältnisse von 1:1 bis 6:1 gefunden, das Verhältnis Ru:Se = 3:1 wurde am häufigsten detektiert.

Synthese B: Ru(26 wt%)Se(13,4 wt%)/Vulcan [80]

Bei diesem Katalysator wurde nun o-Xylen als Lösungsmittel für die Synthese verwendet. Eine typische Hellfeld Aufnahme ist in Abbildung 4.3 (links) gezeigt. Ein größerer Abstand zwischen den Partikeln wird beobachtet. Zusätzlich zeigt sich im

Vergleich zu Synthese A eine Verschmälerung der Partikelgrößen (siehe Abbildung 4.3, rechts). Ergänzend zu den TEM Untersuchungen wurden an diesem SEM-EDX Analysen durchgeführt (R. Hiesgen, FHTE Esslingen). Der Katalysator weist bei dieser Analyse [102] über mehrere Bereiche ein Ru:Se Verhältnis von 68:32 (in wt%) auf, mit einer Schwankung von 66,1:33,9 bis 70,1:29,9 (jeweils in wt%). Dies entspricht einer nominellen atomaren Zusammensetzung „$Ru_{1,65}Se$". Diese Werte stehen in guter Überein-stimmung mit jenen der Einwaage.

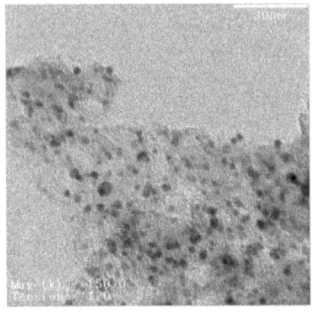 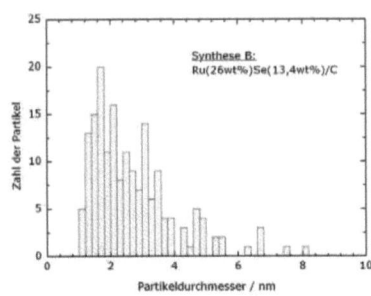

Abbildung 4.3 Links eine typische TEM Hellfeld Aufnahme (Rohdaten, 120 kV, 150k Vergrößerung) des $RuSe_x$/C Katalysators nach Synthese B, rechts die zugehörige Übersicht der Partikelgrößen (aus [80]).

Synthese C: Ru(26 wt%)Se(6 wt%)/Vulcan [81]

Die Synthese dieses Katalysators wurde wie Synthese B in o-Xylen durchgeführt, jedoch mit der halben Menge an Selen. Neben TEM Hellfeld Aufnahmen wurden zusätzlich auch HAADF-STEM Aufnahmen dieses Katalysators angefertigt, die die Problematik des unebenen Träger-materials umgehen sollen. Sie sind ein erster Versuch und wurden bis dato nur an diesem Katalysator durchgeführt. Die Aufnahmen sind in Abbildung 4.4. gezeigt. Die Katalysatorpartikel können einfacher vom Trägermaterial unterschieden werden, jedoch ist teilweise ein Hinter-grundkontrast vom Trägermaterial sichtbar. Dieser Kontrast entsteht durch die mehrfache Beugung der Elektronen in dickeren Bereichen des Kohlenstoff-Trägermaterials.

Im Mittelpunkt stand jedoch die Frage ob es mit der HAADF-STEM Methode möglich ist, EDX-Analysen an einzelnen Nanopartikeln durch-zuführen. Dies würde eine Möglichkeit eröffnen, Aktivitäten von Katalysatoren in Relation zur Partikelzusammensetzung zu stellen und damit Antworten auf die Frage zu finden, welche Zusammensetzungen von Partikeln die höchsten Aktivitäten zeigen.

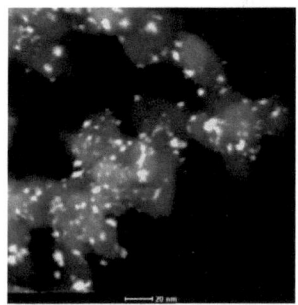 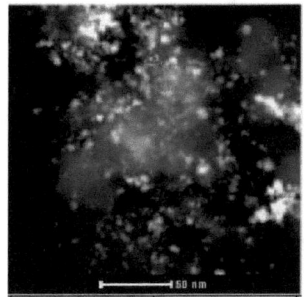

Abbildung 4.4 STEM Aufnahmen mit HAADF (*high-angle annular dark field*) Detektion (Rohdaten, 200 kV, 450k Vergrößerung) des $RuSe_x/C$ Katalysators nach Synthese C. Ein EDX Spektrum eines einzelnen Partikels (roter Kreis, rechts) wurde aufgenommen (siehe Abbildung 4.5).

Solche EDX-Analysen konnten an einzelnen Partikeln durchgeführt werden, ein EDX Spektrum eines solchen Partikels (≈ 10 nm Durch-messer, siehe Abbildung 4.4 rechts, roter Kreis) ist in Abbildung 4.5 gezeigt. Die Analyse zeigt, dass sich die niedrige Menge an verwendetem Selen in Nanopartikeln mit hohem Rutheniumanteil niederschlägt, i.e. „$Ru_{7,5}Se$", „Ru_9Se".

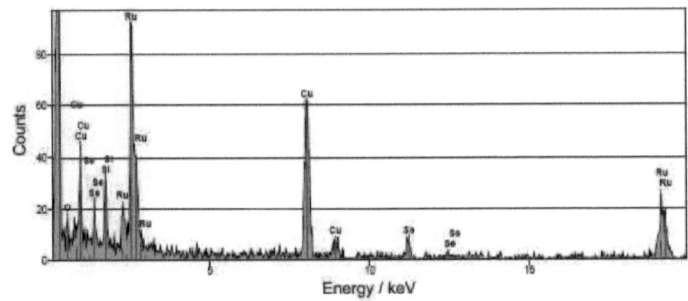

Abbildung 4.5 Korrespondierendes EDX Spektrum eines einzelnen Partikels (siehe Abb. 4.4 rechts, roter Kreis). Zu sehen sind die Ru und Se Signale des Partikels, sowie das Cu Signal vom Probenhalter. Si stammt womöglich aus dem Trockenschritt (Borosilikat-Fritte) der Synthese. Die Analyse ergibt eine Zusammensetzung des Partikel von nominell „$Ru_{7,5}Se$".

Synthese D: Ru(27,8 wt%)Se(7,2 wt%)/Vulcan [80]

Synthese D wurde mit ähnlichen Einwaagen wie Synthese C in o-Xylen durchgeführt. Für die Synthese wurden Mikromischer verwendet. In den TEM Untersuchungen wurden hauptsächlich Nanopartikel gefunden, die teilweise agglomeriert und nicht scharf gegen den Hintergrund abzugrenzen sind (siehe Abbildung 4.6 links). Jedoch sind auch sehr wenige einzelne Nanopartikel zu sehen. Es sind demzufolge auch keine Statistiken über den Partikeldurchmesser möglich. In der gleichfalls in Abbildung 4.6 (rechts) gezeigten ergänzenden SEM Aufnahme (R. Hiesgen, FHTE Esslingen) [102] sieht man, dass das Trägermaterial Vulcan während der Synthese offenbar komprimiert wurde.

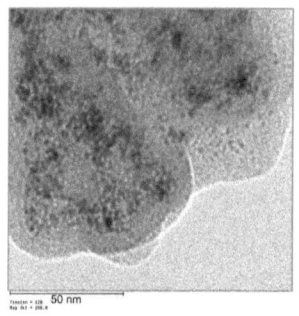 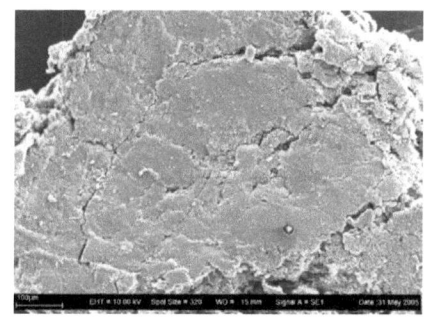

Abbildung 4.6 Typische TEM Aufnahme (120 kV, links) und SEM Aufnahme (10 kV, rechts) des RuSe$_x$/C Katalysators (Synthese D). Die SEM Aufnahme wurde von Renate Hiesgen (FHTE, Esslingen) durchgeführt. Die nominelle Zusammensetzung des Katalysators entspricht laut Analyse der EDX Ergebnisse [102] „Ru$_{3,1}$Se".

Dies wurde vermutlich durch den Druck im Inneren des Mikromischers verursacht worden und hat die Abscheidung von gut strukturierten Nanopartikeln erschwert. SEM-EDX Messungen [102] (R. Hiesgen, FHTE Esslingen) von sechs Bereichen ergaben folgende Zusammensetzung in wt%: C: 60 – 63, O: 5,2 - 6,2, Se: 6 - 6,6, Ru: 24 - 26,4

Die Werte für Ru und Se stehen mit jenen der Einwaage (Ru 27,8 wt%, Se 7,2 wt%) in guter Übereinstimmung. Das Gewichtsverhältnis Ru:Se wurde zu 80:20 (in wt%) bestimmt, mit einer sehr geringen Schwankung von 79,8:20,2 bis 80,3:19,7 (jeweils in wt%). Das entspricht einer nominellen Zusammensetzung „Ru$_{3,1}$Se".

4.1.2 Kommerzielle Pt/C und Ru/C Katalysatoren als Referenzsystem

Es wurden eine Reihe von Pt/C (5 – 40 wt%) sowie ein 40 wt% Ru/C Katalysator untersucht, die, wie bereits erwähnt, als Referenzsystem in dieser Arbeit dienen sollen.

Kommerzielle Pt/C Katalysatoren

Zunächst sollen die kommerziellen Platin Katalysatoren diskutiert werden, siehe Abbildung 4.7. Die TEM Aufnahmen zeigen sehr kleine Partikel auf dem 5 wt% Pt/C Katalysator.

Der kommerzielle 10 wt% Pt/C Katalysator zeigt eine homogene Dis-persion von Nanopartikeln von 1 bis etwa 5 nm Durchmesser. Aufgrund der geringen Beladung wird keine Agglomeration beobachtet (Abbildung 4.7, oben rechts). Die Abstände zwischen den Partikeln sind, wie auch im Falle der 5 wt%, groß genug, um gute Mikroskopie durchzuführen. Eine Charakterisierung der Probe mit aussagekräftiger Statistik ist somit möglich. Die Partikelgrößenverteilung des 10 wt% Pt/C ist in Abbildung 4.8 gezeigt. Es zeigt sich ein sehr schmales Regime (1 – 4 nm), was für eine sehr gute, homogene Synthese spricht. Der mittlere Partikel-durchmesser d_{mean} = (1,84 ± 0,2) nm stimmt gut mit dem vom Hersteller angegebenen Wert von 2,0 nm überein.

Der kommerzielle 20 wt% Pt/C Katalysator (Abbildung 4.7, unten links) zeigt eine hohe Dispersion von Partikeln mit Durchmessern von 2 – 5 nm. Der mittlere Durchmesser laut Hersteller beträgt 2,2 nm. Es treten bereits in größeren Umfang Agglomerationen auf (siehe Bildmitte), die auf eine hohe Metallbeladung zurückzuführen sind. Eine Darstellung der Partikel-größenverteilung wurde hier nicht aufgeführt, da sie zu fehlerbehaftet und nicht repräsentativ ist.

In Abbildung 4.7 (rechts, unten) ist eine typische TEM Aufnahme eines kommerziellen 40 wt% Pt/C Katalysators gezeigt. Man beobachtet eine inhomogene Verteilung der Partikel, welche auf die hohe Metallbeladung und/oder auf die Synthese zurückzuführen ist. Diese Agglomeration der Nanopartikel macht eine Auswertung der Partikeldurchmesser sowie die Berechnung der geometrischen Partikel-Oberfläche sehr fehlerbehaftet und nicht repräsentativ. Die in dieser Aufnahme sichtbaren Partikel haben einen Durchmesser von 2 – 6 nm. Der mittlere Partikeldurchmesser beträgt laut Hersteller 2,9 nm.

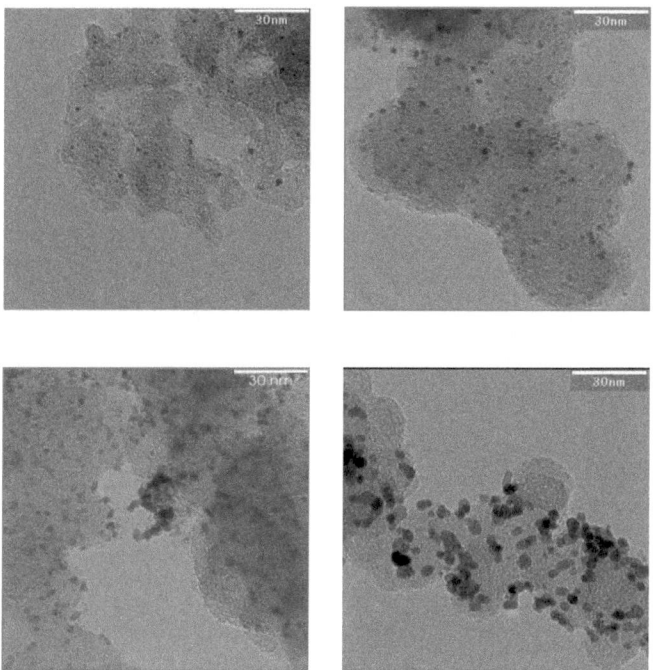

Abbildung 4.7 Typische TEM Hellfeld Aufnahmen (Rohdaten, 120 kV, Vergrößerungen 150.000) der kommerziellen Pt/C Katalysatoren: 5 wt% (oben, links) und 10 wt% (oben, rechts), in der unteren Reihe 20 wt% (links) und 40 wt% Pt/C (rechts).

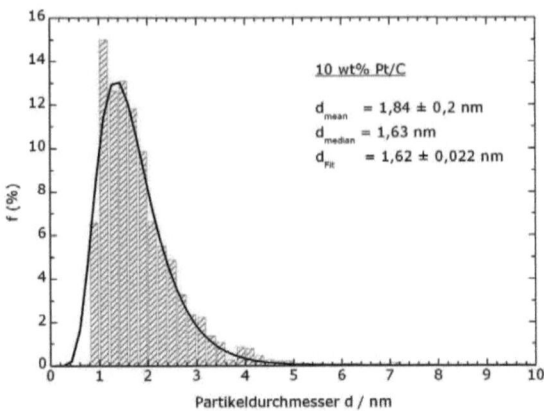

Abbildung 4.8 Partikelgrößenverteilung des kommerziellen 10 wt% Pt/C Katalysators, mit dem ermittelten Partikeldurchmesser wie angegeben. Die schwarze Kurve gibt den Fit der logarithmischen Normalverteilung wieder.

Generell ist festzustellen, dass mit steigender Metallbeladung (und somit mit einer steigenden „Bedeckung") geringere Partikelabstände und eine steigende Agglomeration zu beobachten sind. Gut separierte Platinpartikel mit hoher Dispersion, ohne Agglomeratbildung, mit Durchmessern um etwa 3 nm wären aus Sicht der TEM Untersuchungen eine Art „optimale Beladung". Zudem besitzen Pt-Partikel mit einem Durchmesser von etwa 3,5 nm die höchste Massenaktivität in Bezug auf die Sauerstoffreduktion [103]. Dieser Beladungsgrad von Platin auf Vulcan ist auf Basis der TEM Auswertungen bei circa 20 – 25 wt% gegeben.

<u>Kommerzieller 40 wt% Ru/C Katalysator</u> [81]

Ähnliche Überlegungen treffen auf den 40 wt% Ru/C Katalysator zu, der in Abbildung 4.9 gezeigt ist. Einzelne Ru-Partikel von etwa 2 – 3 nm sind erkennbar. Die kleinere Ordnungszahl von Ruthenium im Vergleich zu Platin verringert das Signal-Rausch Verhältnis, was eine Unterscheidung der Nanopartikel vom Hintergrund, neben dem dicken Trägermaterial, zusätzlich erschwert.

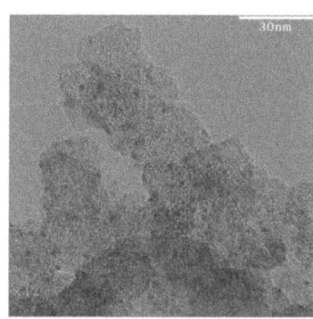

Abbildung 4.9 Typische TEM Hellfeld Aufnahme (Rohdaten, 120 kV, Vergrößerung 150.000) eines kommerziellen 40 wt% Ru/C Katalysators.

4.1.3 Katalysatoren mit CNF-PL als Trägermaterial

Wie bereits erwähnt wurden Carbon-Nanofasern (CNF-PL) aufgrund ihrer besonderen Charakteristika wie Schwefelfreiheit, höherer elektrischer Leitfähigkeit und Graphenebenen-Struktur, als neues und innovatives Trägermaterial für Pt, Ru und $RuSe_x$ Partikel verwendet.

<u>CNF-PL und CNF-PL (graphitisiert)</u>

Zuerst soll das reine Trägermaterial charakterisiert werden. In Abbildung 4.10 sind Hellfeld TEM Aufnahmen der Platelet Carbon-Nanofasern (CNF-PL) gezeigt. Die Übersichtsaufnahme (Abb. 4.10, links) zeigt, dass die Nanofasern miteinander verknäult und nicht einheitlich dimensioniert sind. Die Durchmesser der CNF variieren von etwa 50 nm bis 150 nm, die Längen von etwa 400 nm bis knapp 1 µm.

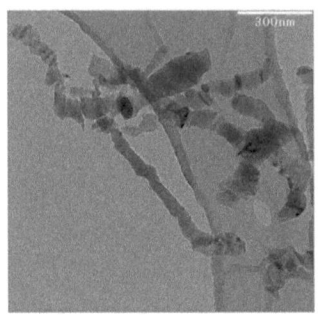 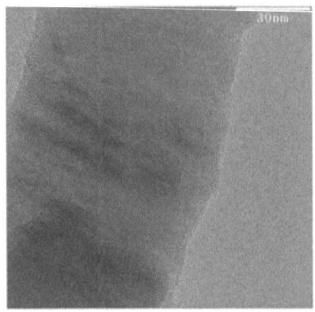

Abbildung 4.10 Typische TEM Hellfeld Aufnahmen (Rohdaten, 120 kV, Vergrößerung links: 15.000, rechts: 150.000) der Platelet Carbon-Nanofasern (CNF-PL). Links ist eine Übersichtsaufnahme zu sehen, rechts eine vergrößerte Aufnahme einer Faser, die Graphenebenen sind erkennbar.

In Abbildung 4.10 (rechts) ist eine einzelne Nanofaser mit etwa 90 nm Durchmesser gezeigt. In dieser Abbildung sind die Graphenebenen in der Mitte des Bildes erkennbar.

Die Platelet-Fasern besitzen die höchste elektrische Leitfähigkeit in der Graphenebene. Das Ausheizen des Materials bei 2900 °C führt zu einer Schlaufenbildung am Rand der Ebenen (siehe Abbildung 4.11). Die Leitfähigkeit zwischen den Schichten dieser so genannten graphitisierten Nanofasern (CNF-PL_{graph}) soll dadurch erhöht werden [104]. Die CNF-PL_{graph} wurden nicht weiter charakterisiert, sie stellen aber eine interessante Option für weitere ($RuSe_x$)Synthesen dar.

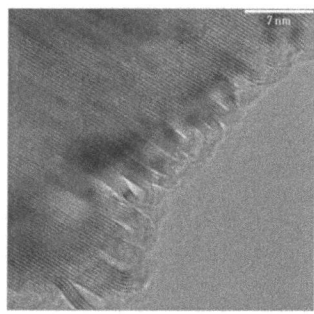

Abbildung 4.11 Typische TEM Hellfeld Aufnahme (Rohdaten, 120 kV, Vergrößerung 600.000) der Platelet Carbon-Nanofasern nach Ausheizen bei 2900°C. Die Graphenebenen sowie die Schlaufenbildung am Rand der Graphenebenen sind deutlich erkennbar.

Synthese E: Ru(26 wt%)Se(6 wt%)/CNF-PL

Die Synthese dieses Katalysators erfolgte mit demselben Einwaagen-verhältnis Ru:Se und einem identischen Syntheseprozess wie Synthese C. Der einzige Unterschied besteht in der Tatsache, dass hierfür CNF-PL als Trägermaterial verwendet wurde, bei Synthese C jedoch Vulcan. Dies erlaubt einen direkten Vergleich des Einflusses des Trägermaterials auf die Struktur und Verteilung der Partikel.

In Abbildung 4.12 sind typische TEM Hellfeld Aufnahmen des in o-Xylen synthetisierten RuSe$_x$/CNF-PL Katalysators zu sehen.

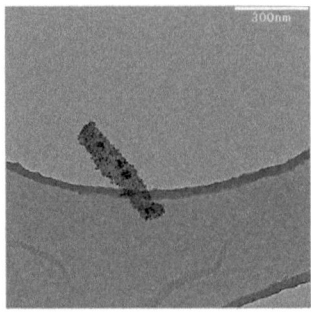 

Abbildung 4.12 Typische TEM Hellfeld Aufnahmen des synthetisierten RuSe$_x$/CNF-PL Katalysators (Rohdaten, 120 kV, Vergrößerung links: 15.000, rechts: 150.000). Links eine Übersichtsaufnahme einer einzelnen Faser, rechts Bereiche hoher Dispersion.

Links ist eine Übersichtsaufnahme gezeigt, auf welcher eine einzelne Faser zu sehen ist. Nanofasern sind jedoch, wie bereits erwähnt, generell verknäult vorzufinden. Eine Bestimmung der Partikelgröße ist sehr schwer, da nicht genau bestimmt werden kann, ob die sichtbaren Partikel Agglomerate aus kleineren Partikeln sind oder ob es doch einzelne, gewachsene Partikel mit unregelmäßiger Struktur sind, siehe Abbildung 4.12 rechts. Die Metallbeladung (26 wt% Ru) liegt für Vulcan-basierte Katalysatoren eigentlich im optimalen Bereich. Anders ist die Situation auf den Platelets. Hier ist die Metallbeladung offensichtlich zu groß, um eine hohe Dispersion zu ermöglichen.

<u>15 wt% Ru/CNF-PL</u>

TEM Hellfeld Aufnahmen eines 15 wt% Ru/CNF-PL Katalysators sind in Abbildung 4.13 gezeigt.
Auf dem Katalysator sind 2 – 6 nm große Partikel zu sehen, die mit hoher Dispersion und geringer Agglomeratbildung auf den Fasern verteilt sind.

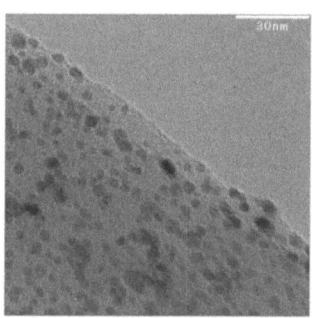

Abbildung 4.13 Typische TEM Hellfeld Aufnahmen (Rohdaten, 120 kV, Vergrößerungen 150.000) eines 15 wt% Ru/CNF-PL Katalysators.

10 wt% Pt/CNF-PL

Die TEM Aufnahmen des 10 wt% Pt/CNF-PL Katalysators sind in Abbildung 4.12 wiedergegeben. Auf diesem Katalysator zeigen sich unterschiedliche Regime der Partikelgröße und -verteilung. In Abbildung 4.14 links sind zwei Nanofasern mit geringerer Dispersion abgebildet. Die linke Faser zeigt sehr kleine Nanopartikel (1 - 2 nm), die rechte hingegen wenige Partikeln mit Durchmessern um 5 bis 6 nm. Zudem sind die Graphen-ebenen, die senkrecht zur Faserachse stehen, im unteren Drittel der Abbildung zu erkennen. Die Faser in Abbildung 4.14 rechts zeigt eine hohe Dispersion von Nanopartikeln mit etwa 3 - 4 nm Durchmesser. Für diesen Katalysator wurden knapp 800 Partikel ausgewertet, die Größenverteilung ist in Abbildung 4.15 wiedergegeben. Neben der eingezeichneten loga-rithmischen Normalverteilung könnte man eine zweite Verteilung im Bereich 3 - 5 nm anpassen. Die Durchmesser stimmen innerhalb von 15 % überein, was für eine homogene Größenverteilung spricht.

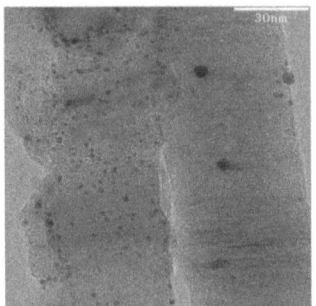 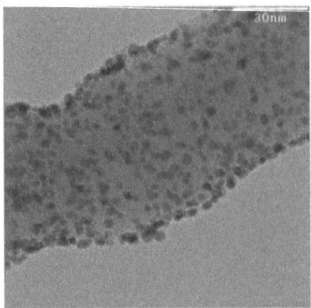

Abbildung 4.14 Typische TEM Hellfeld Aufnahmen (Rohdaten, 120 kV, Vergrößerung 150.000) eines 10 wt% Pt/CNF-PL Katalysators.

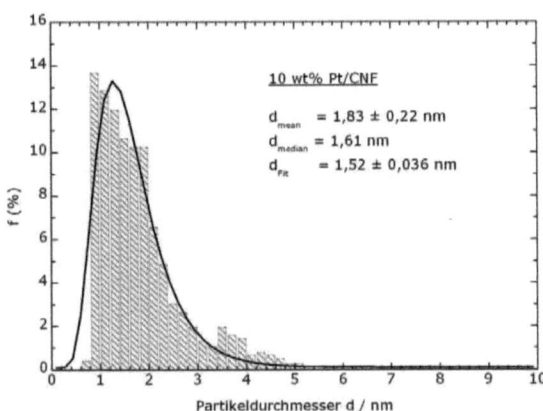

Abbildung 4.15 Partikelgrößenverteilung des 10 wt% Pt/CNF-PL Katalysators mit den ermittelten Partikeldurchmessern wie angegeben. 761 Nanopartikel wurden ausgewertet. Die schwarze Kurve gibt den Fit der logarithmischen Normalverteilung wieder.

20wt% Pt/CNF-PL

Typische Hellfeld Aufnahmen eines 20 wt% Pt/CNF-PL Katalysators sind in Abbildung 4.16 gezeigt. In der Abbildung links ist eine Übersicht bei 25.000-facher Vergrößerung gezeigt. Man findet verschlungene Fasern mit Dicken von 50 – 120 nm, auf welchen lokale massive Agglomerationen zu beobachten sind. Auch zu finden sind Bereiche höherer Dispersion, auf denen Partikel mit etwa 2 – 5 nm vorliegen, siehe Abbildung 4.16 rechts. Die doppelte Metallbeladung im Vergleich zum vorigen Katalysator macht sich hier, ähnlich wie auf dem 20 wt% Pt/C Katalysator, durch das Auftreten von Agglomeraten bemerkbar. Eine Verteilung der Partikel-größenverteilung wurde nicht durchgeführt, da sie zu fehlerbehaftet und nicht repräsentativ wäre.

 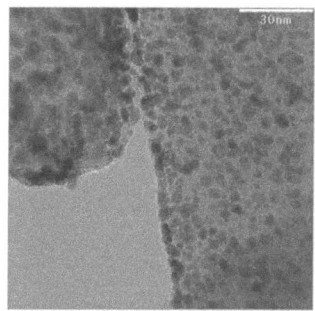

Abbildung 4.16 Typische TEM Hellfeld Aufnahmen (Rohdaten, 120 kV, Vergrößerung links: 25.000, rechts: 150.000) eines 20 wt% Pt/CNF-PL Katalysators. Links eine Übersichtsaufnahme, rechts Bereiche hoher Dispersion.

<u>40 wt% Pt/CNF-PL</u>

In Abbildung 4.17 sind typische Hellfeld Aufnahmen eines 40 wt% Pt/CNF-PL Katalysators gezeigt. In der Abbildung links ist eine Übersicht gezeigt. Man findet verschlungene Fasern, auf welchen kristalline Partikel mit Durchmessern um 15 bis 30 nm mit geringer Dispersion zu finden sind (siehe Abbildung 4.17, links). Es sind aber auch Bereiche mit hoher Dispersion von Nanopartikeln zu sehen, dessen Durchmesser 3 – 6 nm betragen.

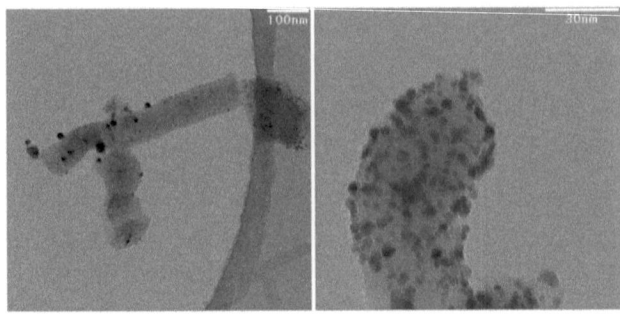

Abbildung 4.17 Typische TEM Hellfeld Aufnahmen (Rohdaten, 120 kV, Vergrößerung links: 25.000, rechts: 150.000) eines 40 wt% Pt/CNF-PL Katalysators. Links eine Übersicht, rechts Bereiche hoher Dispersion.

Zusammenfassend ist festzustellen, dass, wie im Falle der Vulcan-geträgerten Katalysatoren, eine höhere Metallbeladung einen höheren Grad der Agglomeration verursacht. Jedoch ist die oben erwähnte „optimale Beladung" mit Edelmetall hier niedriger anzusetzen. Aufgrund der etwa halb so große BET Oberfläche von CNF ($\approx$120 m^2 g^{-1}) im Bezug auf Vulcan ($\approx$250 m^2 g^{-1}) liegt das Optimum bei etwa 10 – 15 wt% Edelmetall. Die Ergebnisse deuten aufgrund der gefundenen, unterschiedlichen Bereiche auf eine relativ inhomogene Synthese der Pt Partikel auf den Carbon-Nanofasern hin.

4.2 XRD Messungen

Ergänzend zu den TEM Aufnahmen, die im Mittelpunkt der strukturellen Charakterisierung standen, wurde der 40 wt% Pt/CNF Katalysator mittels XRD untersucht. Die Untersuchungen (Al Probenhalter, Cu Kα Strahlung, Bruker D8 Advance Diffraktometer) wurden von S. Leonardi (Uni Pavia) durchgeführt [105]. Das Röntgen-Diffraktrogramm ist in Abbildung 4.18 gezeigt. Der schmale Reflex bei 2θ = 26 ° ist auf die Graphitebene C(002) zurückzuführen und deutet auf eine hohe Kristallinität der Probe hin [106]. Die Reflexe bei 40 °, 46 ° und 68 ° sind charakteristisch für die (111), (200) und (220) Ebenen von fcc-Platin (*face cubic centered*). Mittels der Scherrer Gleichung wurde ein mittlerer Partikeldurchmesser von 8,5 nm berechnet. Die ist in guter Übereinstimmung mit den TEM Ergebnissen (vgl. Abbildung 4.17).

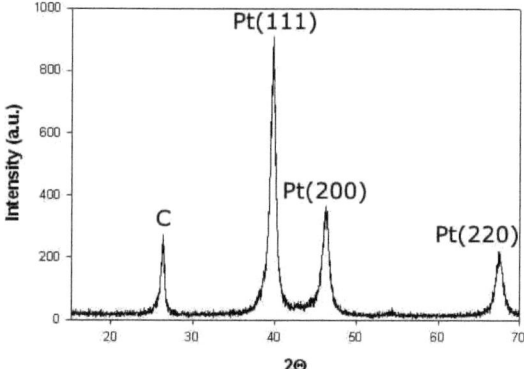

Abbildung 4.18 Röntgen Diffraktogramm des 40 wt% Pt/CNF Katalysators. Die Reflexe wurden den verschiedenen Ebenen zugeordnet, wie angegeben. Die Messung wurde von Silvia Leonardi (Uni Pavia) durchgeführt [105].

Die weiteren ermittelten mittleren Durchmesser sind Tabelle 4.1 zu entnehmen.

Tabelle 4.1 Übersicht der mittleren Platin-Partikeldurchmesser, die mittels Scherrer Gleichung aus den XRD Messungen berechnet wurden [105].

Katalysator	mittlerer Durchmesser
10 wt% Pt/CNF-PL	7,05 nm
20 wt% Pt/CNF-PL	8,68 nm
40 wt% Pt/CNF-PL	8,5 nm
15 wt% Ru/CNF-PL	9,12 nm

Es zeigt sich auch in den XRD Ergebnissen, dass eine höhere Beladung zu größeren mittleren Durchmessern führt. Ein großer Unterschied bei der Bestimmung des mittleren Partikeldurchmessers des 10 wt% Pt/CNF-PL ist festzustellen. Der Durchmesser laut TEM Untersuchungen ergibt (1,83 ± 0,22) nm, jener der XRD Untersuchungen 7,05 nm. Der Unterschied ist mit den vernachlässigten Agglomeraten aus den TEM Auswertungen zu begründen.

4.3 XPS und TPR Messungen an RuSe$_x$/C [107]

XPS ist wie bereits erwähnt eine spektroskopische Methode, mit welcher Informationen über die Konzentrationen bzw. die Bindungsenergien von Elementen an der Oberfläche (bis zu einigen Atomlagen Tiefe) der Probe gewonnen werden können.

Solche Messungen wurden an einem RuSe$_x$/Vulcan Katalysator (26 wt% Ru, 13,4 wt% Se; Synthese B) vor und nach dem Betrieb in einer DMFC durchgeführt (C. Christenn, DLR Stuttgart). Das Ru 3d$_{5/2}$ Signal bei einer Bindungsenergie von 281 eV deutet auf oxidiertes Ruthenium (RuO$_2$) hin. Nach Betrieb in der DMFC beobachtet man eine Reduktion der Rutheniumkonzentration. Offensichtlich wurde ein Teil des Ruthenium-oxids während des Betriebes vom Trägermaterial abgelöst. Zwei Se 3d Signale werden bei ca. 55 und 59 eV gemessen. Letzteres kann Selen in einer höheren Oxidationsstufe, wie SeO$_2$, zugewiesen werden. Das Signal bei 55 eV Bindungsenergie kann metallischem Selen oder einem Selenid zugeordnet werden, da die Energien beider Spezies nahe beieinander liegen: Elementares Selen hat Bindungsenergien von 54,6 bis 55,4 eV, während RuSe$_2$ eine Bindungsenergie von 54,6 eV besitzt. Nach den elektrochemischen Versuchen ist eine signifikante Verringerung des Selenoxidsignals (bei 59 eV) zu beobachten. Dies ist durch das Ablösen der Selenoxide, welche nicht an Ruthenium gebunden sind, von der Katalysatoroberfläche zu erklären.

Temperatur-Programmierte Reduktion (TPR) Messungen liefern wie zuvor beschrieben Informationen über die Stabilität von Oxiden. Hierbei wird, während die Probe erhitzt wird, der Verbrauch von H$_2$ für die Reduktion der Oxide gemessen. Die TPR Messung des RuSe$_x$/C zeigte Reduktionssignale bei 154 °C und bei circa 125 °C (Schulter), was auf die An-wesenheit von zwei Oxiden hindeutet. Mit hoher Wahrscheinlichkeit resultieren diese Oxide aus der Synthese, welche offensichtlich nicht vollständig unter Sauerstoffausschluss stattfand.

5 Bestimmungen der aktiven Oberflächen von Katalysatoren

Um die Aktivität von verschiedenen Katalysatoren untereinander ver-gleichen zu können, wird meist auf die Masse des Katalysators (A mg^{-1}$_{Katalysator}$) bzw. des verwendeten Edelmetalls (A mg^{-1}$_{Edelmetall}$) oder die geometrische Fläche (A cm^{-2}$_{geo}$) normiert [28]. Um jedoch die intrinsischen Eigenschaften vergleichen zu können, ist die Kenntnis der wahren elektrochemisch aktiven Fläche (ECA, *electrochemical active area*) des jeweiligen Katalysators notwendig. Verschiedene *ex-situ* (TEM, XRD, BET) als auch *in-situ* Methoden, wie Wasserstoff Adsorption/Desorption, Sauerstoff-Adsorption, Adsorption von Sondenmolekülen (z.B. I$_2$, CO) oder Messungen der Kapazität der Doppelschicht, stehen zur Verfügung [108]. Jedoch eignen sich nicht alle Methoden für jedes Edelmetall. Ein umfangreicher Artikel dazu wurde von Trasatti und Petrii verfasst [109]. Für (geträgertes) Platin und andere Platingruppenmetalle wie Iridium und Rhodium ist die Wasserstoff Ad-sorption/Desorption (H-upd, *hydrogen underpotential deposition*) die Standardmethode [110]. Innerhalb der in-situ Methoden hat sich die Unterpotential-Abscheidung von Kupfer (Cu-upd, *copper underpotential deposition*) neben H-upd als bewährte Methode etabliert [111-113]. In dieser Arbeit wurden die elektrochemisch aktiven Oberflächen der geträgerten Platin, Ruthenium und Rutheniumselenid Katalysatoren mittels H-upd, Cu-upd und *CO Stripping* bestimmt. TEM Untersuchungen mit einem modifizierten Bildauswertungsverfahren (siehe Kapitel 4.1) ermöglichten zusätzliche ex-situ Informationen über das Kohlenstoff-Trägermaterial und die Katalysatorpartikel, insbesondere Struktur, Durchmesser und Dispersion. Ein Ziel dieser Arbeit war es, die Ergebnisse der (ex-situ) TEM Untersuchungen mit den (in-situ) elektrochemischen Resultaten zu verknüpfen und eine verlässliche Strategie zur Bestimmung der aktiven Oberflächen von (Brennstoffzellen-)Katalysatoren zu ent-wickeln.

In diesem Kapitel sollen nun zunächst die vier angewandten Methoden (H-upd, Cu-upd, *CO Stripping* sowie TEM) und deren Messprinzip vorgestellt werden. Abschließend werden die Methoden verglichen und die gesamten Ergebnisse diskutiert.

5.1 Wasserstoff Unterpotenzialabscheidung (H-upd)

Die Wasserstoff Unterpotenzialabscheidung konnte nur auf Platin Katalysatoren durchgeführt werden. Auf Ruthenium-basierten Kata-lysatoren ist die H-upd Methode nicht durchführbar, da (i) die H-Ad-sorption von der Reduktion von Oberflächenoxiden, (ii) die H-Desorption von der Ruthenium-Oxidation überlagert ist und (iii) Absorption von Wasserstoff in das Metall stattfindet [114].

Die Adsorptions/Desorptions-Ladung Q_H von Wasserstoff wurde wie in Ref. [115, 116] aus zyklischen Voltammogrammen bestimmt. Hierbei wird die Q_H im Potenzialbereich der Adsorption/Desorption um die kapazitive Ladung Q_{dl} korrigiert. Q_{dl} ist durch den kapazitiven Strom I_{dl} gegeben, der zur Ladung der Doppelschicht benötigt wird (siehe Gleichung 5.1).

$$Q_H = \frac{1}{v} \int I - I_{dl} \, dU \qquad (5.1)$$

Hierbei ist v die Vorschubgeschwindigkeit. Die Integrationsgrenzen werden zwischen den Beginn der Wasserstoffentwicklung (ca. 0,05 V *vs.* NHE), wo der Bedeckungsgrad θ_H mit Wasserstoff zu 0,77 angegeben wird [110], und circa 0,4 V *vs.* NHE angenommen.

In Gleichung 5.1 wird weiter angenommen, dass der kapazitive Strom I_{dl} im Wasserstoffbereich derselbe ist wie im Doppelschichtbereich ($\approx$ 0,3 - 0,5 V *vs.* NHE). Das Ladungsäquivalent einer Monolage Wasserstoff auf polykristallinem Platin wird mit 210 µC cm^{-2} angegeben, wobei das Verhältnis Pt:H = 1:1 beträgt. Dieser Wert ist ein in der Literatur akzeptierter, durchschnittlicher Wert, der zwischen den Werten verschiedener Pt Einkristallflächen liegt. Diese Werte betragen 241 µC cm^{-2} für Pt(111), 209 µC cm^{-2} für Pt(100) und 200 µC cm^{-2} für Pt(110) [117].

Die wahre aktive Oberfläche ECA$_{H\text{-upd}}$ ergibt sich daher zu

$$ECA_{H\text{-upd}} = \frac{Q_H}{\Theta_H \cdot 210 \mu C \cdot cm^{-2}} \qquad (5.2)$$

mit $\theta_H = 0{,}77$.

In Abbildung 5.1 ist das Prinzip dieser Ladungsbestimmung auf einem 40 wt% Pt/CNF-PL in entgaster 0,5 M H_2SO_4 gezeigt. Die Stromspitzen der Wasserstoff Ad- und Desorption auf den Platin-Einkristallflächen bei 0,08 bzw. 0,21 V vs. NHE (entsprechend Pt(110) bzw. Pt(100)) sind deutlich ausgeprägt. Nach Korrektur der gemessen Ströme I um die extrapolierten kapazitiven Ströme I_{dl} kann die Ladungsmenge Q_H und somit die elektrochemisch aktive Oberfläche $ECA_{H\text{-upd}}$ gemäß Gleichung 5.2 bestimmt werden.

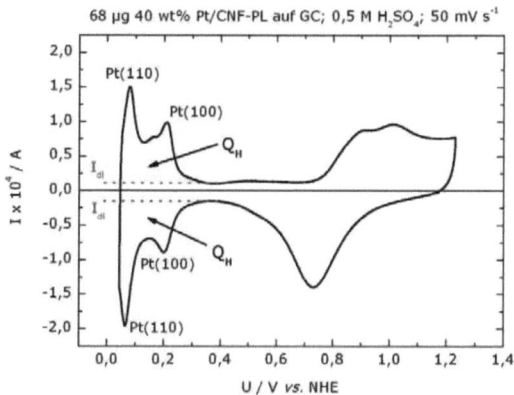

Abbildung 5.1 Zyklisches Voltammogramm von 40 wt% Pt/CNF-PL auf glassy carbon (GC) in entgaster 0,5 M H_2SO_4, anhand dessen das Prinzip der Ladungsbestimmung Q_H gezeigt ist. Die gemessenen Ströme I wurden um die kapazitiven Ströme I_{dl} (rote gepunktete Linien) korrigiert. Die Zuordnungen der Platin-Einkristallflächen sind eingezeichnet, Vorschubgeschwindigkeit $v = 50$ mV s^{-1}.

Zunehmend schwieriger ist diese Methode bei Katalysatoren mit geringer Platinbeladung anzuwenden. In Abbildung 5.2 ist ein zyklisches Voltammogramm eines 10 wt% Pt/C Katalysators auf glassy carbon (GC) in entgaster 0,5 M H_2SO_4 gezeigt.

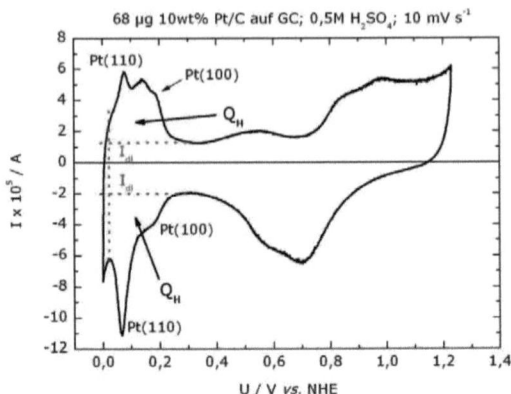

Abbildung 5.2 Zyklisches Voltammogramm eines 10 wt% Pt/C auf glassy carbon (GC) in entgaster 0,5 M H_2SO_4, anhand dessen das Prinzip der Ladungsbestimmung Q_H gezeigt ist. Die gemessenen Ströme I wurden um die kapazitiven Ströme I_{dl} (rote gepunktete Linien) korrigiert. Es wurde bis zur Integrationsgrenze bei circa 0,05 V vs. NHE integriert, Vorschubgeschwindigkeit v = 10 mV s^{-1}. Zusätzlich sind die Zuordnungen der Platin-Einkristallflächen eingezeichnet.

Aufgrund der geringen Beladung mit Edelmetall wird das Verhältnis der Ströme der Ad- und Desorption von Wasserstoff zu den kapazitiven Strömen im Doppelschichtbereich kleiner. Auf reinen Platinelektroden sind die kapazitiven Ströme im letztgenannten Bereich klein. Kohlenstoff liefert jedoch bei geträgerten Elektroden einen signifikanten Beitrag zu diesen kapazitiven Strömen, was durch die breiten Stromspitzen im Bereich 0,4 bis 0,8 V vs. NHE in Abbildung 5.2 deutlich wird. Dadurch wird das Extrapolieren der kapazitiven Ströme I_{dl} aus dem Doppelschicht- in den Wasserstoffbereich erschwert. Eine andere elektrochemische Methode, die ist diesen Fällen geeigneter erscheint, ist die Kupfer Unterpotenzial-abscheidung (Cu-upd), welche im nächsten Kapitel diskutiert wird.

5.2 Kupfer Unterpotenzialabscheidung (Cu-upd)

Die Abscheidung eines Metalls M (z.B. Cu) auf einem anderen Substratmetall S (z.B. Pt, Ru) in Mono- oder Submonolagen bei Potenzialen positiver als das Nernstpotenzial der bulk-Abscheidung wird Unterpotenzialabscheidung genannt. Das Nernstpotenzial U für die bulk-Abscheidung von Kupfer für die Reaktion

$$Cu^{2+} + 2e^- \rightarrow Cu \qquad (5.3)$$

wird durch

$$U = U_0\ Cu/Cu^{2+} + \frac{RT}{zF} \cdot \ln a_{ox}/a_{red} \qquad (5.4)$$

beschrieben. Hier ist das Standardpotenzial $U_0(Cu/Cu^{2+})$ = 0,3402 V vs. NHE [12], die Zahl der ausgetauschten Elektronen z = 2 (gemäß Gleichung 5.3), a_{ox} bzw. a_{red} die entsprechenden Aktivitäten der oxidierten (Cu^{2+}) bzw. reduzierten (Cu) Spezies. Die Aktivität a von Cu^{2+} wurde mittels

$$a = \gamma \cdot \frac{c}{c_0} \qquad (5.5)$$

berechnet [12]. Die Konzentration c beträgt $2 \cdot 10^{-3}$ M, die Standard-konzentration c_0 = 1 M und der dimensionslose Aktivitätskoeffizient γ beträgt (bei einer Konzentration $c(CuSO_4)$ = $2 \cdot 10^{-3}$ M) 0,679 [118].
Damit ergibt sich eine (dimensionslose) Aktivität $a(Cu^{2+})$ = a_{ox} = 0,00136.
Unter der Annahme, dass die Aktivität des bulk-Materials per Definition $a(Cu_{bulk})$ = a_{red} = 1 ist, ergibt sich gemäß Gleichung (5.4) ein Nernst-potenzial U = 0,255 V vs. NHE. Da jedoch Kupfer nicht als bulk-Material im Gleichgewicht vorliegt, sondern nur in (Sub)Monolagen (ML) auf dem Katalysator, sollte die Aktivität $a(Cu_{ML})$ < 1 betragen und vom Bedeckungsgrad mit Kupfer abhängen [119].

Nimmt man daher z.B. $a(Cu_{bulk}) = a_{red} = 0,9$ an, erhält man nach Gleichung (5.4) ein Gleichgewichtspotenzial U = 0,257 V *vs.* NHE. Mit $a(Cu_{bulk}) = a_{red} = 0,8$ ergäbe sich U = 0,258 V *vs.* NHE. Die Gleichgewichtspotenziale für (Sub)Monolagen sind daher um wenige mV geringfügig positiver als das Nernstpotenzial für die bulk-Abscheidung (0,255 V *vs.* NHE).

Die Unterpotenzialabscheidung von Kupfer stellt eine Alternative für Metalle dar, bei welchen die H-upd Methode nicht durchführbar ist, z.B. bei Ru. Kupfer ist außerdem ein ideales Metall für die Abscheidung auf Pt oder Ru, da die Atomradien aller drei Elemente ähnlich sind: Cu 0,128 nm; Pt 0,1385 nm und Ru 0,134 nm. Es wird daher angenommen, dass das Verhältnis Cu:Pt (bzw. Ru) = 1:1 beträgt [112].

Für die Cu-upd Methode musste zunächst experimentell ein geeignetes Abscheidepotenzial U_{dep} ermittelt werden. Dieses Potenzial muss die Bedingungen erfüllen, dass (i) weder auf dem Substratmaterial (GC) noch auf dem Kohlenstoff-Trägermaterial (Vulcan, Carbon-Nanofasern) Kupfer abgeschieden wird und (ii) dass eine Monolage Kupfer auf den elektrochemisch aktiven Plätzen gebildet wird, d.h. keine bulk-Abscheidung von Kupfer stattfindet [81].

Die Experimente wurden in einer Glaszelle (siehe Kapitel 2.5) durchgeführt. Die Elektrolyte waren 0,5 M H_2SO_4 für die Messung des Hintergrund-Voltammogramms und 2 mM $CuSO_4$/0,5 M H_2SO_4 für die Kupferabscheidungen, die zuvor jeweils mit Argon entgast worden sind. Zunächst wurden im Cu-freien Elektrolyten zyklische Voltammogramme mit verschiedenen Vorschubgeschwindigkeiten gefahren (meist 10 mV s^{-1}), die als Hintergrund dienen. Anschließend wurde der Elektrolytwechsel durchgeführt und das Potenzial $U_{standby}$ bei 0,8 V *vs.* NHE (Ru-basierte Katalysatoren) bzw. 0,9 V *vs.* NHE (Pt-basierte) gehalten, um eine vorzeitige Abscheidung von bulk und/oder upd-Kupfer zu vermeiden. Zur Abscheidung von Kupfer (siehe Gleichung (5.3) und Abbildung 5.3) wird für eine definierte Zeit t_{dep} das Potenzial auf den gewünschten Wert U_{dep} gebracht. Anschließend wird ein linearer Potenzialdurchlauf (meist 10 mV s^{-1}) von U_{dep} bis $U_{standby}$ gefahren, in welchem das abgeschiedene Kupfer gemäß Gleichung (5.5) wieder oxidiert wird.

$$M-Cu \rightarrow M + Cu^{2+} + 2e^- \qquad (5.5)$$

wobei M das Substratmetall ist (Pt oder Ru).

In einer Serie von Experimenten mit verschiedenen Abscheidungs-potenzialen, welche in Potenzialschritten von 25 mV stets kathodischer gelegt wurden, konnte ein optimiertes Potenzial U_{dep} = 244 mV *vs.* NHE ermittelt werden [81], siehe Abbildung 5.4. Dieses Potenzial ist in guter Übereinstimmung mit dem berechneten Nernstpotenzial U = 255 mV *vs.* NHE (siehe Gleichung 5.4).

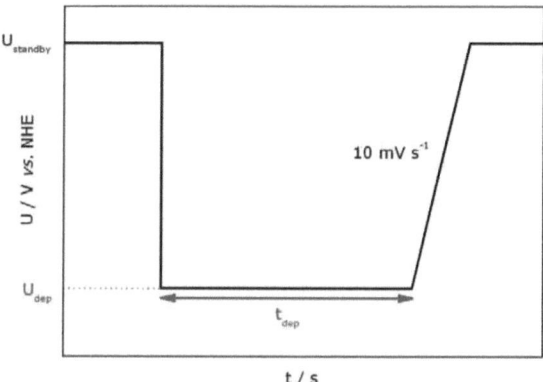

Abbildung 5.3 Abscheide- und Desorptionsprofil für die Cu-upd Bestimmungen: Standby-Potenzial $U_{standby}$, Abscheidung von Kupfer beim Potenzial U_{dep} für eine definierte Abscheidungszeit t_{dep} mit anschließendem linearen Potenzialanstieg mit einer Vorschub-geschwindigkeit von 10 mV s^{-1} bis U_{dep}.

Bei diesem Potenzial zeigt sich, dass auch nach Abscheidungszeiten t_{dep} von zehn Minuten kein Kupfer abgeschieden wird und das ermittelte Potenzial somit den oben erwähnten Anforderungen entspricht.

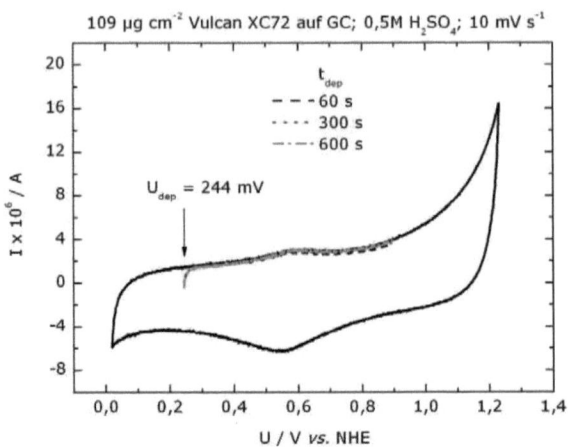

Abbildung 5.4 Hintergrund und Cu-upd Voltammogramm von Vulcan XC72R auf glassy carbon (GC) in entgaster 0,5 M H_2SO_4. Cu-upd in 2 mM $CuSO_4$/0,5 M H_2SO_4 bei einem Abscheidungspotenzial U_{dep} = 244 mV vs. NHE und Abscheidungszeiten t_{dep} wie angegeben, Vorschubgeschwindigkeit 10 mV s^{-1} (aus [81]).

Unter Anwendung des optimierten Abscheidungspotenzials wurden nun die aktiven Oberflächen aller Katalysatoren bestimmt.

In Abbildung 5.5 sind zum Vergleich zyklische Voltammogramme des 40 wt% Pt/C Katalysators in 0,5 M H_2SO_4 (schwarze Kurve) bzw. 0,5 M H_2SO_4/2 mM $CuSO_4$ (rote Kurve) bei einer Vorschubgeschwindigkeit von 10 mV s^{-1} gezeigt. Die Resultate sind in guter Übereinstimmung mit Green et. al [112]. Die Unterpotenzial-Adsorption von Kupfer beginnt bei etwa 0,7 V vs. NHE und ist mit der Platinoxidreduktion überlagert. Die Cu-upd Adsorption erstreckt sich bis etwa 0,25 V vs. NHE. Danach setzt die Abscheidung von bulk-Kupfer ein, eine Schulter der bulk-Abscheidung ist bei ca. 0,2 V vs. NHE zu sehen.

Die gesamte Wasserstoffregion wird durch die Anwesenheit von Kupfer stark unterdrückt, es bleiben jedoch Plätze für die Wasserstoff Ad- und Desorption frei.

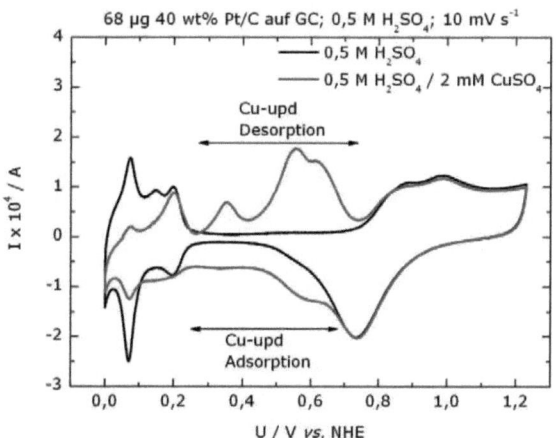

Abbildung 5.5 Zyklische Voltammogramme eines 40 wt% Pt/C Katalysators in 0,5 M H_2SO_4 (30. Zyklus, schwarze Kurve) bzw. 0,5 M H_2SO_4/2 mM $CuSO_4$ (10. Zyklus, rote Kurve). Die Bereiche der Cu-upd Adsorption und Desorption sind eingezeichnet.

Dies deutet darauf hin, dass sich noch keine vollständige Monolage Kupfer auf Platin gebildet hat. Die Oxidation von bulk-Kupfer zeigt eine Stromspitze bei etwa 0,2 V *vs.* NHE. Die Desorption des upd-Kupfers erstreckt sich von etwa 0,27 bis etwa 0,75 V *vs.* NHE. Bei diesem Potenzial ist die Pt-Oberfläche frei von Kupfer, anschließend beginnt die Pt-Oxidation [120]. Es sind drei Stromspitzen bei 0,35, 0,55 und ca. 0,62 V *vs.* NHE zu beobachten, welchen Plätzen mit unterschiedlichen Adsorptionsenergien zugeordnet werden können [120].

In den Abbildungen 5.6 und 5.7 ist das Prinzip der Oberflächen-bestimmung mittels Cu-upd anhand des kommerziellen 40 wt% Pt/C bzw. des kommerziellen 40 wt% Ru/C Katalysators gezeigt [81]. Neben dem Hintergrund-Voltammogramm in 0,5 M H_2SO_4 (schwarze Linien) sind auch die Desorptionskurven für verschiedene Abscheidungszeiten t_{dep} gezeigt (60, 300, 1200 und 1500 s). Die Potenziale der Stromspitzen liegen bei Pt/C, im Vergleich zum zyklischen Voltammogramm bei gleicher Vorschubgeschwindigkeit (Abb. 5.5) geringfügig anodischer. Hier liegen drei Maxima vor, bei 0,37 V, eine breite Spitze bei 0,56 V und eine Schulter bei etwa 0,63 V *vs.* NHE.

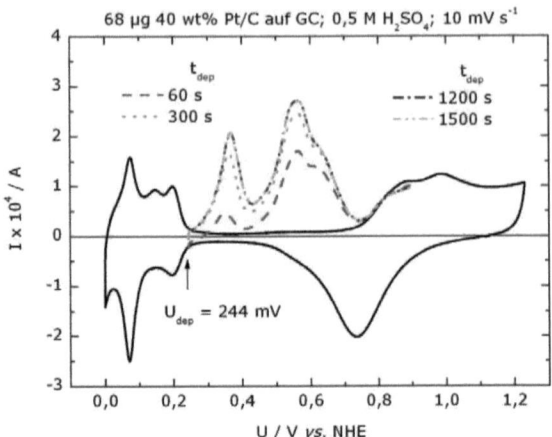

Abbildung 5.6 Hintergrund (schwarze Linie) und Cu-upd Voltammogramme eines kommerziellen 40 wt% Pt/C auf glassy carbon (GC) in entgaster 0,5 M H_2SO_4. Cu-upd in 2 mM $CuSO_4$/0,5 M H_2SO_4 bei einem Abscheidungspotenzial U_{dep} = 244 mV und Abscheidungszeiten t_{dep} wie angegeben, Vorschubgeschwindigkeit 10 mV s^{-1} (aus [81]).

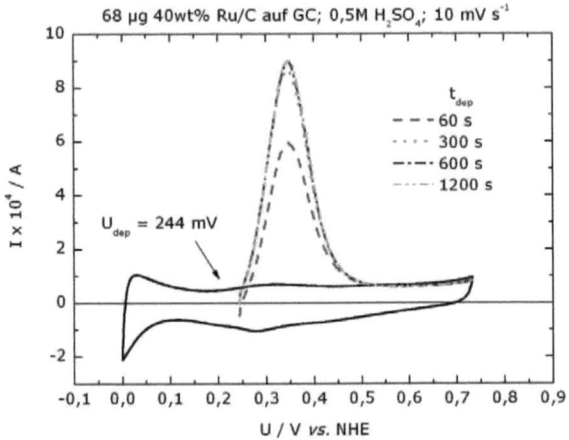

Abbildung 5.7 Hintergrund (schwarze Linie) und Cu-upd Voltammogramme eines kommerziellen 40 wt% Ru/C auf glassy carbon (GC) in entgaster 0,5 M H_2SO_4. Cu-upd in 2 mM $CuSO_4$/0,5 M H_2SO_4 bei einem Abscheidungspotenzial U_{dep} = 244 mV und Abscheidungszeiten t_{dep} wie angegeben, Vorschubgeschwindigkeit 10 mV s^{-1} (aus [81]).

Auf Ru/C ist eine einzige Stromspitze bei 0,35 V vs. NHE zu beobachten, siehe Abbildung 5.7. Durch Variation der Abscheidungszeiten t_{dep} wird ein Sättigungseffekt für beide Katalysatoren ab t_{dep} = 300-350 s erzielt, siehe Abbildung 5.8. Dieser Effekt bestätigt, dass keine bulk-Abscheidung von Kupfer im untersuchten System auftritt.

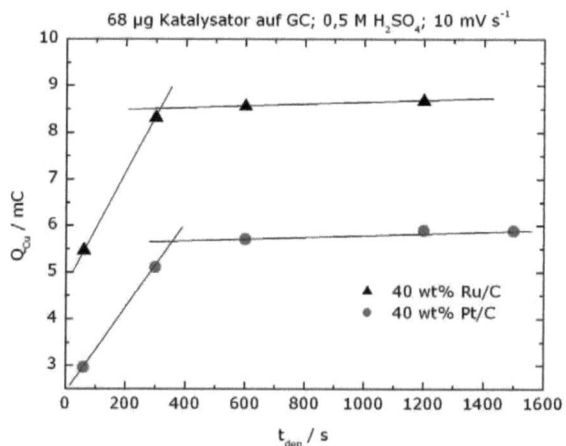

Abbildung 5.8 Kupfer-Desorptionsladung Q_{Cu} als Funktion der Abscheidungszeit t_{dep} für zwei kommerzielle Katalysatoren in 0,5 M H_2SO_4. Ab t_{dep} = 300-350 Sekunden wird eine Sättigungsladung beobachtet (aus [81]).

Die Desorptionsladungen von Kupfer (Q_{Cu}) werden in dieser Arbeit aus den Flächen zwischen den Desorptionskurven (bei t_{dep} = 1200 s, also weit im Sättigungsbereich) und den Hintergrund-Voltammogrammen bei gleicher Vorschubgeschwindigkeit v bestimmt.

Die wahre aktive Oberfläche ECA_{H-upd} berechnet sich auf Platin und auf Ruthenium aus der Kupfer Stripping-Ladung Q_{Cu} wie folgt:

$$ECA_{Cu-upd} = \frac{Q_{Cu}}{420 \mu C \cdot cm^{-2}} \qquad (5.6)$$

Unsicherheiten bei dieser Methode ergeben sich bei der Bestimmung der aktiven Oberfläche von RuSe$_x$ Katalysatoren. Aufgrund der Bildung von Cu$_x$Se [121] reflektiert eine Ladungsdichte von 420 µC cm^{-2} nicht die wahre Oberfläche. In Ref. [111] wurde massives Ruthenium mit stei-gender Selenbedeckung untersucht. Es wurde eine korrigierte Desorp-tionsladung Q$_{Cu}$ als Funktion des Bedeckungsgrades mit Selen ermittelt. Die so erhaltene Kalibrationskurve wurde in dieser Arbeit berücksichtigt.

5.3 CO Stripping

Ergänzend zu den beiden oben erwähnten Methoden wurden die aktiven Oberflächen von geträgerten Pt Katalysatoren mittels CO Stripping be-stimmt. Bei diesen Bestimmungen wird CO bei einem Adsorptions-potenzial U$_{ad}$ = 0,1 V vs. NHE für eine Adsorptionszeit t$_{ad}$ = 10 Minuten adsorbiert. Anschließend wird der Elektrolyt für 40 Minuten mit Argon gespült, um im Elektrolyten gelöstes CO zu entfernen. Mit einer Vorschubgeschwindigkeit v = 10 mV s^{-1} werden, ausgehend von U$_{ad}$ in anodische Richtung, zyklische Voltammogramme gefahren. Im ersten Durchlauf oxidiert CO gemäß Gleichung 5.3 elektrochemisch zu CO$_2$ (CO-Stripping):

$$M - CO_{ad} + H_2O \rightarrow M + CO_2 + 2H^+ + 2e^- \qquad (5.3)$$

wobei M = Pt ist.

Die faradaysche Oxidationsladung Q$_{CO}$ wird in dieser Arbeit aus der Fläche zwischen der Oxidationskurve und dem Hintergrund-Voltammogramm ermittelt (ca. im Bereich 0,6 – 0,8 V vs. NHE). Aus der Oxidationsladung kann die aktive Oberfläche berechnet werden. Diese Ladung muss jedoch zuvor korrigiert werden, da sie Ladungsbeiträge von anderen Prozessen beinhaltet. Zu diesen zählen unter anderem kapazitive Ladungen für die Wiederherstellung der elektrochemischen Doppelschicht der CO-freien Elektrode [122] sowie faradaysche Beiträge für die Metalloxidation [117].

Auf Platin können pseudokapazitive Ladungen bis zu 20 % der Oxidationsladung ausmachen [123]. Diese pseudokapazitiven Ladungen werden durch Anionen oder Oxidspezies verursacht, welche auf Pt adsorbiert waren, durch CO verdrängt werden und nach der CO Oxidation readsorbieren. In der Arbeit von Bogolowski et al. [124] wird dieselbe maximale Packungsdichte von CO auf Ru wie auf Pt angenommen, d.h. 1,45 nmol cm^{-2}. Das entspricht 0,66 Monolagen CO bzw. einer Ladungsdichte von 280 µC cm^{-2}.

Die elektrochemisch aktiven Flächen ECA$_{CO}$, die nach der CO-Stripping Methode bestimmt wurden, ergeben sich daher zu

$$ECA_{CO} = \frac{Q_{CO}}{280 \mu C \cdot cm^{-2}} \tag{5.4}$$

Das Prinzip dieser Methode ist anhand eines 40 wt% Pt/C Katalysators in Abbildung 5.9 demonstriert. In diesem Experiment wurde CO wie oben beschrieben bei U_{ad} = 100 mV *vs.* NHE adsorbiert und anschließend oxidiert. Die Charakteristika des Wasserstoffbereichs (Adsorption und Desorption) sind im ersten Durchlauf nicht zu beobachten. Dies signal-isiert, dass H_{upd} durch eine CO gesättigte Oberfläche vollständig unterdrückt ist [116]. Während der CO-Oxidation treten im Bereich von 0,6 – 0,8 V *vs.* NHE zwei Stromspitzen im ersten Durchlauf auf. Die Stromspitze bei 660 mV wird der schnelleren CO-Oxidation auf Pt-Agglomeraten zugeordnet [41]. Die Stromspitze bei einem Potenzial $U_{Co-peak}$ = 731 mV *vs.* NHE wird der CO-Oxidation auf isolierten Platinpartikel mit wenigen nm Durchmesser zugeordnet. Diese Beobachtung ist in guter Überein-stimmung mit den Ergebnissen der TEM Untersuchungen (siehe Abb. 4.7). In den folgenden Durchläufen sind keine Charakteristika der CO-Oxidation zu erkennen, was auf eine vollständige Oxidation hindeutet.

Aus der gemessenen Oxidationsladung Q_{CO} kann nun mittels Gleichung 5.4 die aktive Fläche ECA$_{CO}$ berechnet werden.

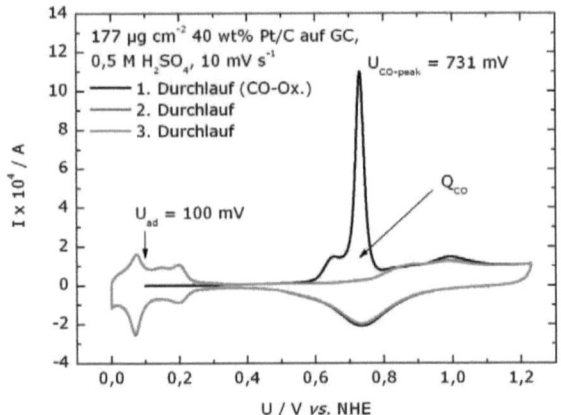

Abbildung 5.9 CO Stripping auf einem 40 wt% Pt/C Katalysator auf glassy carbon (GC) in entgaster 0,5 M H_2SO_4. Adsorptionspotenzial U_{ad} = 100 mV vs. NHE, Vorschubgeschwindigkeit v = 10 mV s^{-1}, faradaysche Oxidationsladung Q_{CO}.

Der generelle Vorteil der *CO Stripping* Methode gegenüber H-upd liegt in der Tatsache, dass CO auf vielen Metallen und Legierungen verwendet werden kann, da CO praktisch auf allen d-Metallen adsorbieren kann.

Zusammenfassend ist zu sagen, dass bei der *CO Stripping* Methode viele Unsicherheiten auftreten, wenn alleine aus der faradayschen Oxidationsladung Q_{CO} heraus die aktive Oberfläche bestimmt wird. Nachteilig bei dieser Methode sind die angesprochenen Unsicherheiten in Bezug auf weitere faradaysche und kapazitive Ladungsbeiträge. Auch die Festlegung der Integrationsgrenzen ist mit Unsicherheit behaftet.

Eine Möglichkeit dieses Problem zu umgehen stellt die DEMS (*differential electrochemical mass spectroscopy*) Methode dar, bei welcher CO_2 massenspektroskopisch detektiert wird. Mit DEMS kann zwischen CO-Oxidationsströmen und kapazitiven Strömen differenziert werden [111]. Diese Methode wird in dieser Arbeit jedoch nicht angewandt.

5.4 TEM *Advanced image processing*

Abschließend wird mit TEM eine *ex-situ* Methode vorgestellt, mit welcher die (geometrische) Oberfläche von Partikeln bzw. Katalysatoren bestimmt werden kann. Diese Berechnung soll anhand des kommerziellen 10 wt% Pt/C Katalysators gezeigt werden.

1522 Nanopartikel dieses Katalysators wurden aus TEM Aufnahmen aus-gewertet. Unter der Annahme, dass die Platinpartikel Kugelgestalt besitzen, kann man mit dem ermittelten Durchmesser d jedes Partikels durch Aufsummieren die gesamte geometrische Oberfläche $A_{Partikel}$ berechnen, siehe Gleichung (5.5):

$$A_{Partikel} = \sum d^2 \pi \qquad (5.5)$$

Das Gesamtvolumen $V_{Partikel}$ aller Partikel ergibt sich aus analogen Überlegungen, siehe Gleichung (5.6):

$$V_{Partikel} = \sum \frac{d^3}{6} \pi \qquad (5.6)$$

Die Masse aller Partikel ($m_{Partikel}$) lässt sich mittels Gleichung (5.7) berechnen:

$$m_{Partikel} = \rho_{Pt} \cdot V_{Partikel} \qquad (5.7)$$

wobei die Dichte von Platin ρ_{Pt} = 21450 kg m^{-3} beträgt.

Somit lässt sich die spezifische geometrische Oberfläche S_{TEM} aus TEM Untersuchungen wie folgt berechnen:

$$S_{TEM} = \frac{A_{Partikel}}{m_{Partikel}} \qquad (5.8)$$

Für den 10 wt% Pt/C Katalysator ergibt sich eine geometrische Oberfläche $A_{Partikel}$ = $2 \cdot 10^{-14}$ m² und ein Gesamtvolumen $V_{Partikel}$ = $1 \cdot 10^{-23}$ m³. Daraus erhält man eine Gesamtmasse der Partikel $m_{Partikel}$ = $2{,}145 \cdot 10^{-16}$ g und somit eine spezifische geometrische Oberfläche von S_{TEM} = 93 m² g^{-1}_{Pt}.

5.5 Ergebnisse der Oberflächenbestimmungen

In diesem Kapitel sollen nun die Ergebnisse der verschiedenen Methoden der Oberflächenbestimmungen miteinander verglichen und diskutiert werden. Begonnen wird mit dem Platin Referenzkatalysatorsystem, um eine verlässliche Basis für die Bestimmung der Oberflächen der CNF-PL basierten Katalysatoren zu schaffen.

5 – 40 wt% Pt/C Referenzkatalysatoren in 0,5 M H_2SO_4

Zunächst sollen die Pt/C Katalysatoren diskutiert werden, die als Referenzsystem dienen. In Abbildung 5.11 sind die Ergebnisse der Oberflächenbestimmungen in 0,5 M H_2SO_4 gezeigt, die aktive massenspezifische Oberfläche (m² g^{-1}_{Platin}) ist als Funktion der Metallbeladung abgebildet.
Zunächst ist ein eindeutiger Trend festzustellen. Je geringer die Metall-beladung, desto größer wird die zur Verfügung stehende Oberfläche. Dies ist mit der zunehmenden Agglomeration der Platinpartikel bei zunehmender Beladung auf dem Trägermaterial zu erklären, was sich auch in den TEM Aufnahmen in Abbildung 4.7 widerspiegelt. Auch aus den elektrochemischen Messungen kristallisiert sich für Vulcan, in sehr guter Übereinstimmung mit den TEM Ergebnissen, eine „optimale" Metall-beladung von etwa 20 – 25 wt% Metall heraus. Ab dieser Beladung ist ein Abflachen einer gedachten Kurve durch die Messpunkte zu erkennen, die verfügbare aktive Fläche nimmt trotz steigender Metallbeladung nicht mehr zu.

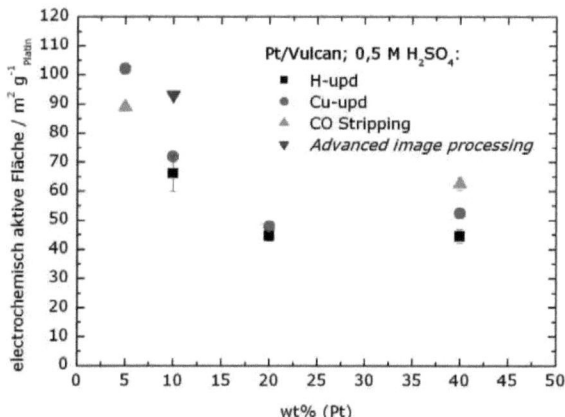

Abbildung 5.11 Elektrochemisch aktive Oberflächen der Pt/C (Vulcan) Referenz-Katalysatoren in Abhängigkeit der Metallbeladung (wt%) in 0,5 M H_2SO_4. Die Oberflächen wurden mit vier verschiedenen Methoden wie angegeben ermittelt. Für die 10 und 20 wt% Pt/C Katalysatoren wurden keine CO Stripping Messungen durchgeführt.

Vergleicht man die jeweiligen Methoden untereinander, so ist zwischen H-upd und Cu-upd eine gute Übereinstimmung festzustellen. Eine maximale Abweichung von knapp 15 % trat bei den Bestimmungen am 40 wt% Pt/C auf. Die H-upd Methode konnte bei dem 5 wt% Pt/C Katalysator nicht angewandt werden, da hier, wie bereits erwähnt, die hohen elektro-chemischen Signale des Trägermaterials im Vergleich zu Pt einen signifi-kanten Beitrag liefern.

Größere Abweichungen von knapp 20 % ergeben sich für die Be-stimmungen mit der *CO Stripping* Methode. Dies ist durch Unsicherheiten bei der Festsetzung der Integrationsgrenzen sowie durch Unsicherheiten in Bezug auf weitere faradaysche und kapazitive Ladungsbeiträge zur Oxidationsladung Q_{CO} zu begründen.

Die ex-situ Auswertung des 10 wt% Pt/C Katalysators mittels *Advanced image processing* liefert, wie bereits erwähnt, eine geometrische Fläche von 93 $m^2\ g^{-1}_{Pt}$. Die aktive Fläche, welche in-situ bestimmt wurde, ist damit um etwa 25 % kleiner als die ex-situ ermittelte Fläche. Die Unter-schiede können wie folgt begründet werden, da (i) in den TEM Auswertungen Agglomerate nicht berücksichtigt werden, (ii) elektro-chemisch sowohl Nanopartikel als auch Agglomerate detektiert werden,

(iii) Pt Partikel, die im TEM sichtbar sind, elektrochemisch inaktiv sein können und
(iv) die Morphologie des Trägermaterials nicht berücksichtigt wird.

5 – 40 wt% Pt/CNF-PL Katalysatoren in 0,5 M H_2SO_4

Auf Basis der Untersuchungen des Referenzsystems wurden nun die CNF-PL geträgerten Platin-Katalysatoren untersucht. Hier wurde jedoch die Bestimmung mittels *CO Stripping* nicht durchgeführt, da die oben erwähnten Unsicherheiten eine verlässliche Bestimmung der Oberfläche aus rein elektrochemischen Untersuchungen nicht gewährleisten kann.

Die Ergebnisse der H-upd und Cu-upd Methode auf Pt/CNF-PL Kata-lysatoren sind in Abbildung 5.12 gezeigt.

Bei den untersuchten Katalysatoren, die weniger als 10 wt% Pt-Beladung besitzen, konnte die H-upd Methode wie im Falle der Vulcan-geträgerten Katalysatoren nicht verlässlich genug durchgeführt werden. Bei den Pt/CNF-PL Katalysatoren, auf welchen die H-upd Bestimmung durchgeführt werden konnte, zeigt sich eine sehr gute Übereinstimmung mit der Unterpotenzialabscheidung von Kupfer. Die Fehler liegen innerhalb von 10 %. Dies bestätigt, ebenso wie im Falle der Pt/Vulcan Katalysatoren, die Verlässlichkeit der Aussagen der Cu-upd Methode gegenüber der etablierten Standardmethode H-upd.

Im Gegensatz zu den untersuchten Vulcan-geträgerten Katalysatoren ist hier kein stark ausgeprägter Trend festzustellen. Die aktive Fläche steigt zwar tendenziell mit geringerer Pt Beladung, jedoch ist im Rahmen der untersuchten Katalysatoren eine Art „maximale" massenspezifische Fläche bei 10 wt% zu beobachten. Unter 10 wt% tritt eine geringere spezifische Fläche auf, die Oberflächen der 5 und 7,5 wt% Katalysatoren sind um etwa einen Faktor zwei kleiner als jene des 10 wt% Pt/CNF-PL. Des Weiteren weisen zwei verschiedene Chargen mit einer Beladung von 20 wt% Platin eine um einen Faktor vier unterschiedliche Oberfläche auf, siehe Abbildung 5.12.

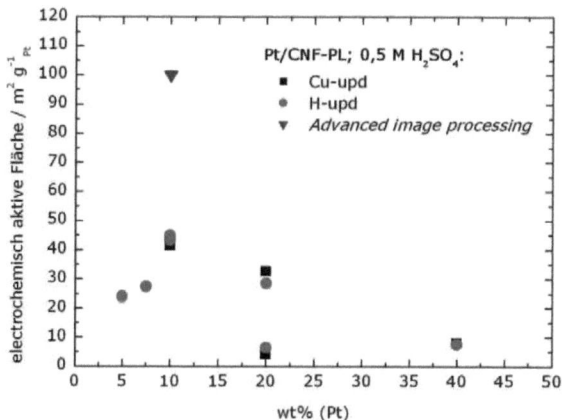

Abbildung 5.12 Elektrochemisch aktive Oberflächen von Pt/CNF-PL Katalysatoren in Abhängigkeit der Metallbeladung (wt%) in 0,5 M H_2SO_4. Die Oberflächen wurden mit drei verschiedenen Methoden ermittelt, wie angegeben. Es wurden zwei verschiedene Chargen eines 20 wt% Pt/CNF-PL Katalysators untersucht, für die jeweils die Cu-upd und H-upd Methode sehr gut übereinstimmende Ergebnisse liefert.

Offensichtlich sind die uneinheitlichen Trends in den aktiven Flächen auf die Synthese zurückzuführen, welche auch durch die TEM Untersuchungen (siehe Kapitel 4.1.3) unterstützt wird. Die TEM-Analyse des 10 wt% Pt/CNF-PL Katalysators mittels *Advanced image processing* ergibt eine geometrische Oberfläche von exakt 100 m^2 g^{-1}_{Pt}. Die wahre aktive Oberfläche wurde jedoch mit etwa 45 m^2 g^{-1}_{Pt} bestimmt. Die Unterschiede sind abermals auf Agglomerate und elektrochemisch inaktive Partikel zurückzuführen. Auch die Nichtberücksichtigung von morphologischen Effekten des Trägermaterials bei der TEM Auswertungen ist als Grund anzuführen.

Ru und RuSe$_x$ Katalysatoren in 0,5 M H_2SO_4

Neben den Pt-basierten Katalysatoren wurden wie bereits erwähnt die aktiven Oberflächen von Ru und RuSe$_x$ Katalysatoren mittels Cu-upd in H_2SO_4 bestimmt. Die Ergebnisse sind in Abbildung 5.13 gezeigt.

Der kommerzielle 40 wt% Ru/C Katalysator weist trotz Agglomerationen eine hohe aktive Fläche von 76 m^2 g$^{-1}_{Ru}$ auf.

Die beiden RuSe$_x$ Katalysatoren, die mittels Thermolyse von Ru$_3$(CO)$_{12}$ dargestellt worden sind, weisen eine geringe aktive Oberfläche von etwa 4 bzw. 9 m^2 g$^{-1}_{Ru}$ (Synthese C bzw. E) auf. Aufgrund der Bildung von Cu$_x$Se [121] spiegelt, wie bereits erwähnt, eine Desorptionsladung von 420 µC cm^{-2} jedoch nicht die korrekte Oberfläche wieder [111].

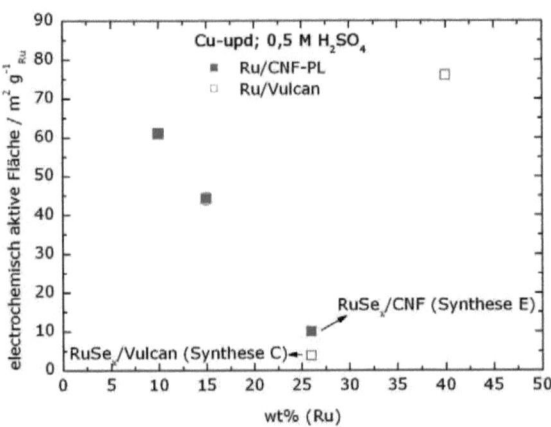

Abbildung 5.13 Elektrochemisch aktive Oberflächen von Ru-basierten Katalysatoren in Abhängigkeit der Metallbeladung (wt%). Auch die in eigener Synthese hergestellten RuSe$_x$ Katalysatoren (Synthesen C und E) sind eingetragen. Die Oberflächen wurden mittels Cu-upd in 0,5 M H$_2$SO$_4$ ermittelt.

Da die Oberflächenzusammensetzung des RuSe$_x$/C Katalysators nicht genau bekannt ist, wurden vorläufig 420 µC cm^{-2} als Desorptionsladung angenommen. Sollte die Oberfläche jedoch mit Selen gesättigt sein, dann sollte eine Ladungsdichte von 105 µC cm^{-2} als Umrechnungsfaktor verwendet werden, wie es in Ref. [111] diskutiert wird. Dies würde bedeuten, dass die ermittelte Fläche unterschätzt wird und dass der maximale Fehler in der Oberflächenbestimmung einen Faktor von vier besitzt. Demnach würden die RuSe$_x$ Katalysatoren eine maximale aktive Oberfläche von 16 bzw. 36 m^2 g$^{-1}_{Ru}$ (Synthese C bzw. E) besitzen. Diese Werte sind aber noch immer signifikant kleiner als jene des 40 wt% Ru/C.

Wie bereits erwähnt, findet Cu-upd auf oxidiertem Ruthenium nicht statt [112]. Eine mögliche Erklärung der geringen Oberfläche von RuSe$_x$ wäre, dass ein Teil der Ruthenium-Oberfläche oxidiert vorliegt. Die Rutheniumoxide sind wahrscheinlich, wie bereits diskutiert, während der Synthese entstanden und können elektrochemisch nicht mehr reduziert werden. Es soll aber auch darauf hingewiesen werden, dass die Cu-upd Ergebnisse auf massivem Ruthenium aus Ref. [111] nur bedingt mit RuSe$_x$ Nano-partikeln vergleichbar sind [81].

Die beiden untersuchten Ru/CNF-PL Katalysatoren weisen Flächen von 45 (15 wt% Ru) bzw. 62 m^2 g^{-1}$_{Ru}$ (10 wt% Ru) auf. In Anbetracht der Tatsache, dass die beiden Katalysatoren im Vergleich zum kommerziellen 40 wt% Ru/C eine geringe Metallbeladung (circa Faktor drei) und sehr geringe Agglomeration aufweisen, ist ihre Oberfläche signifikant kleiner.

6 Elektrochemische Aktivitäten von Katalysatoren für die kathodische Sauerstoffreduktion in Brennstoffzellen

Die Untersuchungen der elektrochemischen Aktivitäten von Katalysatoren für die Sauerstoffreduktion sind das Kernstück dieser Arbeit. In diesem Kapitel werden die Ergebnisse der RDE sowie RRDE Untersuchungen diskutiert. Die RRDE Messungen standen dabei im Mittelpunkt. Anschließend werden experimentelle Ergebnisse der RRDE Unter-suchungen mit einfachen Reaktionsmodellen der Sauerstoffreduktion verglichen um daraus Geschwindigkeitskonstanten berechnet.

6.1 Korrekturen des Spannungsabfalls

Der Spannungsabfall (*IR-drop*) in der elektrochemischen Messzelle führt dazu, dass ein nicht korrektes Potenzial gemessen wird. Der Abfall wird durch einen Ohmschen Widerstand R_{Ohm} verursacht. Dieser ist eine Funktion der Geometrie der Zelle und der Leitfähigkeit des Elektrolyten. Vor Auswertung der experimentellen Ergebnisse muss daher der Spannungsabfall berücksichtigt werden.

Im Rahmen der RDE und RRDE Untersuchungen wurde bei jeder Messung der IR-Abfall mittels *current interrupt* experimentell bestimmt, siehe Abbildung 6.1.

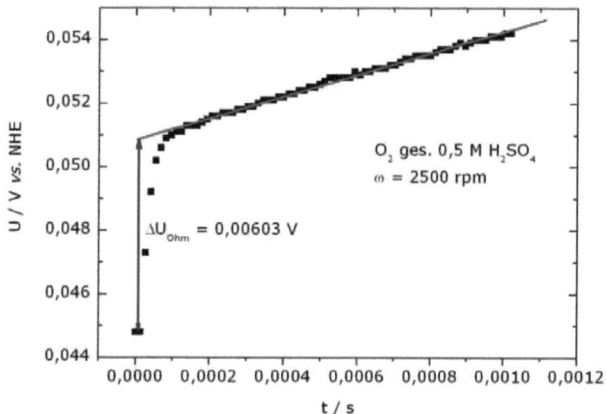

Abbildung 6.1 Bestimmung des IR-Abfalls ΔU_{Ohm} mittels der *current interrupt* Methode in O_2 gesättigter 0,5 M H_2SO_4.

Dazu wurde im sauerstoffgesättigten Elektrolyten (0,5 M H_2SO_4) eine Rotationsgeschwindigkeit ω = 2500 rpm und ein Potenzial von circa 0,044 V *vs.* NHE eingestellt. Durch Messung der Potenziale unmittelbar vor bzw. unmittelbar nach der Stromunterbrechung konnte der Spannungsabfall ΔU_{Ohm} bestimmt werden. Über die Ohmsche Beziehung

$$R_{Ohm} = \frac{\Delta U_{Ohm}}{I} \qquad (6.1)$$

lässt sich der Ohmsche Widerstand R_{Ohm} berechnen. Hier ist I der gemessene Strom vor der Unterbrechung. Aus dem so bestimmten Wert R_{Ohm} können nun die gemessenen Strom-Spannungswerte um den auftretenden Spannungsabfall ΔU_{Ohm} korrigiert werden. Analog wurde in 0,5 M $HClO_4$ verfahren.

6.2 RDE Messungen: Sauerstoffreduktion in 0,5 M H_2SO_4

Abbildung 6.2 zeigt RDE Messungen der Sauerstoffreduktion auf einem $RuSe_x/C$ Katalysator (Synthese A) bei verschiedenen Umdrehungsgeschwindigkeiten ω in sauerstoffgesättigter 0,5 M H₂SO₄. Es wurde nur der kathodische Durchlauf gemessen.

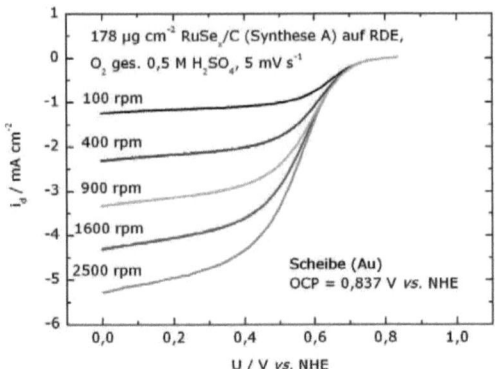

Abbildung 6.2 Scheibenstromdichte i_d während der Sauerstoffreduktion auf einem 41 wt% RuSe$_x$/C (Synthese A) in O₂ gesättigter 0,5 M H₂SO₄ bei Raumtemperatur. Kathodischer Durchlauf, Vorschubgeschwindigkeit v = 5 mV s^{-1}, ω wie angegeben (aus [80]).

Es sind keine Diffusionsgrenzströme zu beobachten, ähnlich wie auf vergleichbaren Katalysatoren in Ref. [46, 125]. Die Reaktion ist im Potenzialbereich zwischen OCP und etwa 0,6 V *vs.* NHE unter kinetischer Kontrolle, darunter unter gemischter Kontrolle von Diffusion und Kinetik. Ein Ruhepotenzial von 0,837 V *vs.* NHE wurden gemessen. Die kinetischen Ströme i_K erhält man aus RDE (und RRDE) Messungen mittels der Koutecky-Levich Gleichung [12]:

$$\frac{1}{i_d} = \frac{1}{i_K} + \frac{1}{i_{dl}} \qquad (6.2)$$

i_K ist jener Strom, der in der Abwesenheit jeglicher Limitierungen des Massentransports fließt, i_d ist der gemessene Scheibenstrom und i_{dl} der diffusionslimitierte Scheibenstrom. Dieser ist gegeben durch

$$i_{dl} = B \cdot \omega^{1/2} \qquad (6.3)$$

Durch Einsetzen von Gleichung (6.3) in Gleichung (6.2) erhält man

$$\frac{1}{i_d} = \frac{1}{i_K} + \frac{1}{B} \cdot \frac{1}{\omega^{1/2}} \qquad (6.4)$$

Aus einer so genannten Koutecky-Levich Auftragung $1/i_d$ vs. $1/\omega^{1/2}$ erhält man (bei verschiedenen Potenzialen U) durch Extrapolation $\omega \rightarrow \infty$ (d.h. $1/\omega^{1/2} \rightarrow 0$) den Wert $1/i_K$ als Ordinatenabschnitt.
Die Steigung der Geraden beträgt demnach $1/B$. Die Konstante B ist gegeben durch

$$B = 0{,}62 \cdot n \cdot F \cdot D^{2/3} \cdot v^{-1/6} \cdot c_0 \cdot A \qquad (6.5)$$

Hier ist n die Anzahl der ausgetauschten Elektronen, F die Faraday-konstante, D der Diffusionskoeffizient von O_2, v die kinematische Visko-sität, c_0 die bulk-Konzentration von O_2 und A die geometrische Fläche der Elektrode. Zur Umrechnung der Umdrehungsgeschwindigkeit ω von rpm in rad/s wird folgende Gleichung benutzt:

$$\text{rpm} = \frac{30}{\pi} \cdot \frac{\text{rad}}{\text{s}} \qquad (6.6)$$

Koutecky-Levich Auftragungen $1/i_d$ vs. $1/\omega^{1/2}$ bei verschiedenen Poten-zialen aus den Daten von Abbildung 6.2 sind in Abbildung 6.3 dargestellt. Es zeigen sich lineare Abhängigkeiten, wie von Gleichung (6.4) gefordert wird.
Die RDE Untersuchungen der Sauerstoffreduktion in 0,5 M H_2SO_4 auf weiteren $RuSe_x/C$ Katalysatoren wurden analog durchgeführt. Die mittels Koutecky-Levich ermittelten kinetischen Ströme wurden durch die Masse des verwendeten Edelmetalls (Ru oder Pt) dividiert um massenspezifische Ströme zu erhalten. Die so berechneten massenspezifischen, kinetischen Ströme i_K wurden nun in Tafel Darstellung gegen das Potenzial aufge-tragen, siehe Abbildung 6.4.

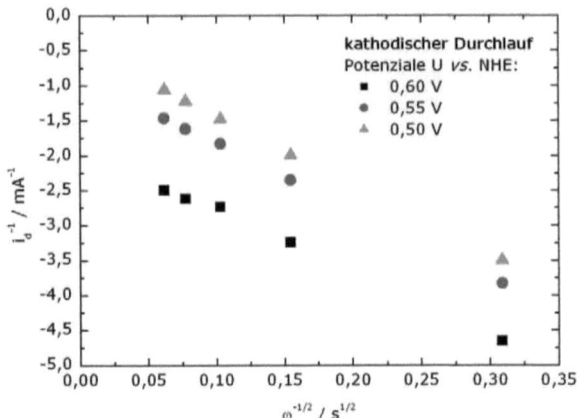

Abbildung 6.3 Koutecky-Levich Auftragung $1/i_d$ vs. $1/\omega^{1/2}$ bei verschiedenen Potenzialen. Die Daten stammen aus dem kathodischen Durchlauf aus Abbildung 6.2.

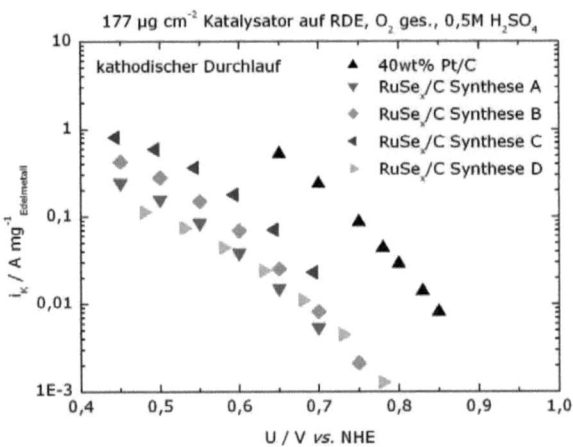

Abbildung 6.4 Tafel Auftragung der massenspezifischen kinetischen Stromdichten i_K der Sauerstoffreduktion bei Raumtemperatur in O_2 gesättigter 0,5 M H_2SO_4 auf verschiedenen RuSe$_x$/C Katalysatoren wie angegeben. Ein kommerzieller 40 wt% Pt/C Katalysator ist als Referenz eingefügt. Es sind die Daten der kathodischen Durchläufe gezeigt. Die Beladung betrug jeweils 177 µg cm^{-2} Katalysator. Die Metallbeladung betrug 27 wt% Ru / 14,5 wt% Se (Synthese A), 26 wt% Ru / 13,4 wt% Se (Synthese B), 26 wt% Ru / 6 wt% Se (Synthese C), 27,8 wt% Ru / 7,2 wt% Se (Synthese D).

Die Ergebnisse der Sauerstoffreduktion auf einem kommerziellen 40 wt% Pt/C Katalysator sind als Referenz eingefügt. Der Katalysator nach Synthese C (6 wt% Se, Ru:Se = 3,35:1) zeigt nach Pt/C die höchste Aktivität. Dennoch ist die Überspannung auf diesem Katalysator um etwa 100 – 120 mV größer als auf Platin.

Die Katalysatoren nach Synthese B (13,4 wt% Se, Ru:Se = 1,5:1) und D (7,2 wt% Se; Ru:Se = 3:1) zeigen bei geringen Stromdichten, i.e. im Potenzialbereich 0,75 – 0,65 V vs. NHE vergleichbare Massenaktivitäten, liegen jedoch deutlich um weitere 50 mV unterhalb der Aktivität von Katalysator C. Der Katalysator nach Synthese A zeigt eine vergleichbare, wenn auch geringfügig niedrigere Aktivität als Katalysator B, welcher eine vergleichbare Zusammensetzung besitzt. Auf Katalysator A, welcher in 1,2-Dichlorbenzen synthetisiert wurde, sind $RuSe_2$ Mikrokristallite (siehe Kapitel 4.1.1) gefunden worden. $RuSe_2$ ist jedoch inaktiv in Bezug auf die Sauerstoffreduktion [126]. Die geringere Aktivität lässt sich daher mit einem Verlust von aktiver Fläche begründen.

Es lässt sich nun vergleichend feststellen, dass ein geringer Selen-Gehalt (Ru:Se = 3:1) sich positiv auf die elektrochemische Aktivität ausgewirkt hat, in Übereinstimmung mit Ergebnissen in Ref. [52]. Katalysator D besitzt zwar einen ähnlich niedrigen Selen-Gehalt (7,2 wt%), weist jedoch vermutlich aufgrund der nicht optimalen Synthese (komprimiertes Trägermaterials, unregelmäßige Partikel, siehe Abbildung 4.6.) eine geringere Massenaktivität.

6.3 RRDE Messungen: Sauerstoffreduktion in 0,5 M H_2SO_4 und 0,5 M $HClO_4$

Wie bereits erwähnt ermöglicht die RRDE Methode die Erfassung von verschiedenen Zwischenprodukten elektrochemischer Reaktionen. Hierbei wird das bei der Sauerstoffreduktion an der Scheibe gebildete Zwischenprodukt (H_2O_2) durch radiale Strömung zum Ring transportiert. Am Ring wird H_2O_2 bei konstantem Potenzial U_r = 1,24 V vs. NHE, d.h. unter Diffusionslimitierung, wieder zu O_2 oxidiert. Infolge von Abdiffusion in das Elektrolytinnere erreicht nur ein Teil des an der Innenelektrode gebildeten Zwischenprodukts den Ring. Es wird dabei vorausgesetzt, dass eine chemische Reaktion dieses Zwischenprodukts auf dem Weg zum Ring ausgeschlossen ist. Es besteht daher ein Übertragungsverhältnis N kleiner als eins, welches wie folgt definiert ist:

$$N = -\frac{I_r}{I_d} \qquad (6.7)$$

Hier ist I_r der gemessen Ringstrom, I_d der Scheibenstrom. Die Kenntnis des Übertragungsverhältnisses ist für die Berechnung von H_2O_2 Bildungs-raten und Geschwindigkeitskonstanten erforderlich.

6.3.1 Ermittlung des Übertragungsverhältnisses N der RRDE Elektrode

Das Übertragungsverhältnis N wurde in dieser Arbeit experimentell wie folgt bestimmt. Es wurden 29 µg des RuSe$_x$/C Katalysators (Synthese C) auf die Goldscheibe aufgetragen (Präparation siehe Kapitel 2.6.1). Als Elektrolyt wurde entgaste 0,1 M NaOH verwendet, in welcher 10 mM K$_3$[Fe(CN)$_6$] gelöst waren. Als Referenz diente eine Ag/AgCl/KCl$_{ges.}$ Elektrode, die Potenziale wurden auf NHE umgerechnet. Die Messungen wurden bei Raumtemperatur bei einer Vorschubgeschwindigkeit $v = 20$ mV s^{-1} durchgeführt.

Die Ergebnisse für verschiedene Rotationsgeschwindigkeiten sind in Abbildung 6.5 gezeigt. Es wurde ein Übertragungsverhältnis von N = 0,22 ermittelt, in genauer Übereinstimmung mit den Daten des Herstellers (Pine Instruments). Weiter war das Übertragungsverhältnis unabhängig von der Rotationsgeschwindigkeit ω.

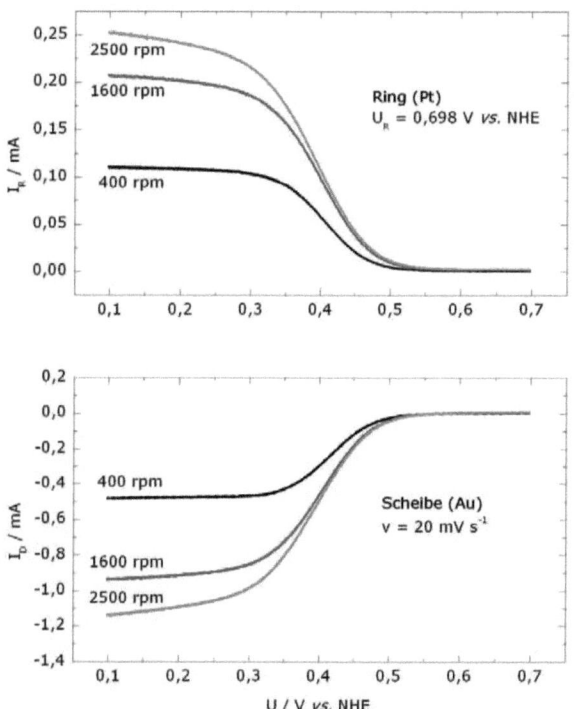

Abbildung 6.5 Scheibenstrom I_d und Ringstrom I_r auf einem RuSe$_x$/C Katalysator (Synthese C) in entgaster 0,1 M NaOH/10 mM K$_3$[Fe(CN)$_6$] bei Raumtemperatur, Ringpotenzial U_r = 0,698 V vs. NHE, Vorschubgeschwindigkeit 20 mV s^{-1} (aus [81]).

6.3.2 Berechnung der H$_2$O$_2$ Bildungsraten und der Zahl ausgetauschter Elektronen

Die Bildungsrate von H$_2$O$_2$ (X_{H2O2}) lässt sich aus den Parametern I_r (Ringstrom), I_d (Scheibenstrom) und N (Übertragungsverhältnis) wie folgt berechnen:

$$X_{H_2O_2} = \frac{2 I_r/N}{I_d + I_r/N} \tag{6.8}$$

X_{H2O2} kann hierbei Werte zwischen 0 % und 100 % annehmen.
Äquivalent dazu lässt sich die durchschnittliche Anzahl ausgetauschter Elektronen n_e pro Sauerstoffmolekül ausrechnen:

$$n_e = \left(\frac{4I_d}{I_d + I_r/N} \right) \qquad (6.9)$$

Hierbei kann n_e Werte zwischen $n_e = 2$ (ausschließlich 2-Elektronen Reduktion zu H_2O_2) und $n_e = 4$ (ausschließlich direkte 4-Elektronen Reduktion zu H_2O) annehmen.

6.3.3 RRDE Messungen auf Vulcan-geträgerten Katalysatoren

Zunächst sollen die Ergebnisse der RRDE Messungen auf Vulcan-geträgerten Katalysatoren dargestellt werden. Es wurde die Sauerstoffreduktion in 0,5 M H_2SO_4 und 0,5 M $HClO_4$ untersucht.

<u>Vulcan XC72R</u>

Um abschätzen zu können inwieweit das Trägermaterial einen Beitrag zur Sauerstoffreduktion liefert wurde die Aktivität des Trägermaterials Vulcan XC72R in beiden Elektrolyten untersucht. Sowohl in Perchlorsäure als auch in Schwefelsäure (siehe Abbildung 6.6) sind keine Diffusionsgrenzströme zu beobachten.
Die Sauerstoffreduktion verläuft daher im gesamten untersuchten Potenzialbereich gemischt kinetisch-diffusionskontrolliert. Erst unterhalb von etwa 0,4 V *vs.* NHE fließen signifikante Ströme sowohl auf der Scheibe als auch parallel auf dem Ring. Aus den Daten der Ring-Scheiben Experimente wurde mittels Gleichungen (6.8) bzw. (6.9) die Wasserstoff-peroxid Bildung bzw. die Anzahl ausgetauschter Elektronen berechnet. Die Ergebnisse sind in Abbildung 6.7 zu sehen. In beiden Elektrolyten sind hohe Bildungsraten von H_2O_2 zu beobachten, im Speziellen in Perchlor-säure (> 30 % in H_2SO_4, > 50 % in $HClO_4$). Bei Potenzialen ab circa 0,4 bzw. 0,5 V *vs.* NHE steigen die Raten über 80 % und erreichen 100 %. Eine

weitere Evaluierung bei höheren Potenzialen wurde nicht durchgeführt, da Bildungsraten über 100 % physikalisch nicht sinnvoll sind. Ursache dafür sind die sehr geringen Ströme auf der Scheibe und dem Ring, die eine genaue Evaluierung verhindern. In Übereinstimmung mit der Literatur ist die 2-Elektronen-Reduktion zu H_2O_2 auf dem Trägermaterial ein dominierender Reaktionsweg.

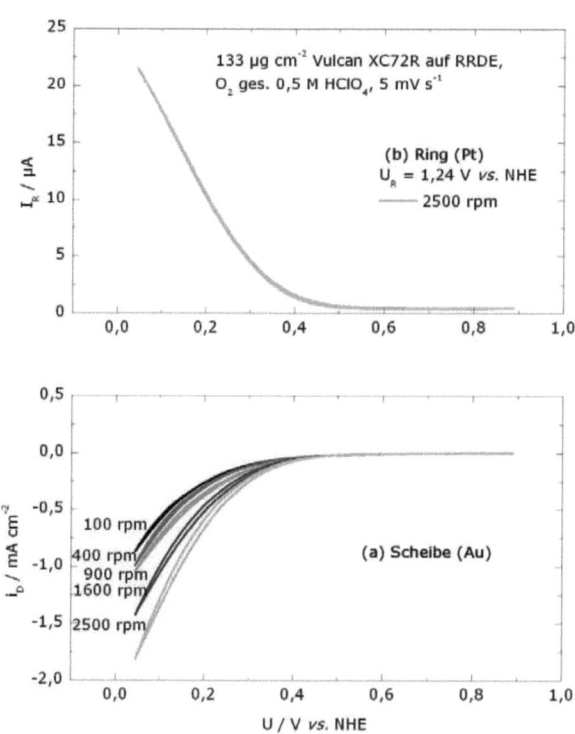

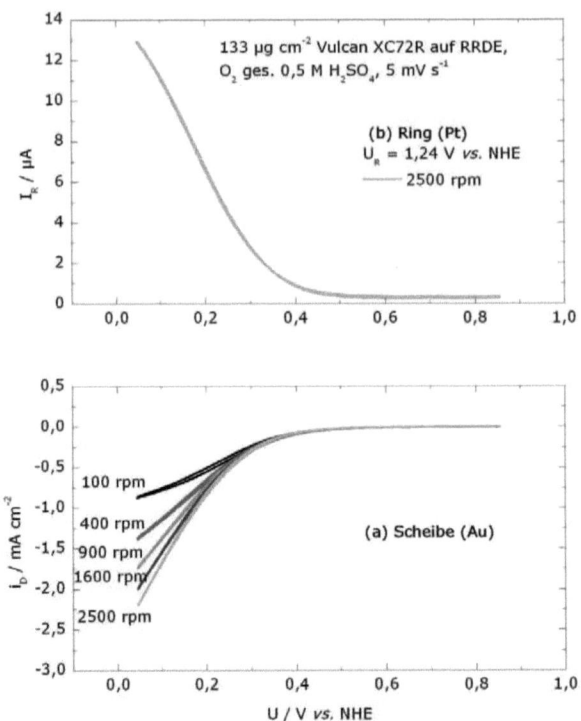

Abbildung 6.6 Scheibenstromdichte i_d (a) und Ringstrom I_r (b) während der Sauerstoffreduktion auf Vulcan XC72R in O_2 gesättigter 0,5 M $HClO_4$ (oben) bzw. 0,5 M H_2SO_4 (unten), jeweils bei Raumtemperatur. Vorschubgeschwindigkeiten v = 5 mV s^{-1}, N = 0,22, ω wie angegeben, Ringpotenzial U_r = 1,24 V vs. NHE.

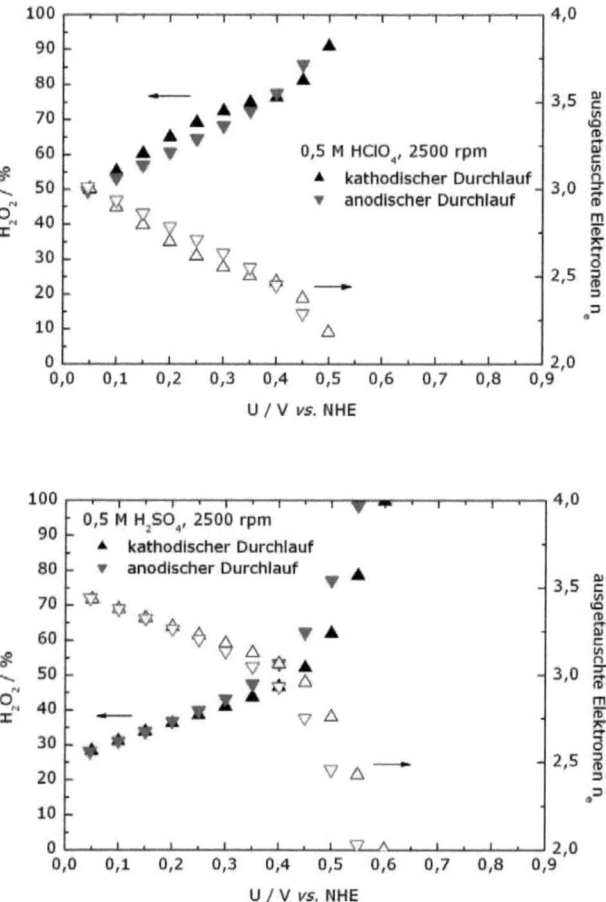

Abbildung 6.7 H$_2$O$_2$-Bildungsraten (linke Ordinaten) und Anzahl der ausgetauschten Elektronen n$_e$ (rechte Ordinaten) als Funktion des Potenzials bei 2500 rpm auf dem Trägermaterial Vulcan XC72R in O$_2$ gesättigter 0,5 M HClO$_4$ (oben) bzw. 0,5 M H$_2$SO$_4$ (unten).

Nach der elektrochemischen Charakterisierung des Trägermaterials werden nun die Aktivitäten der Vulcan-geträgerten Katalysatoren untersucht.

40 wt% Pt/C

Die Sauerstoffreduktion wurde auf einem kommerziellen 40 wt% Pt/C Katalysator untersucht, der in dieser Arbeit als Referenz dient.
Die Ergebnisse in 0,5 M $HClO_4$ und 0,5 M H_2SO_4 sind in Abbildung 6.8 gezeigt.

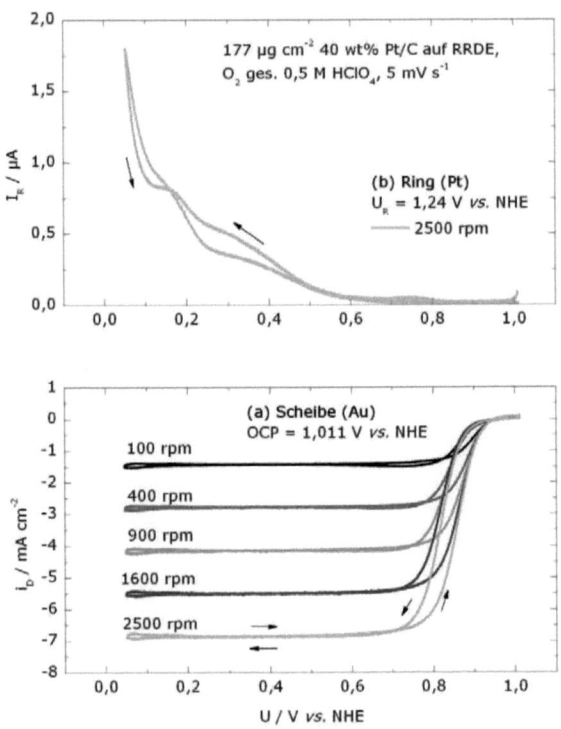

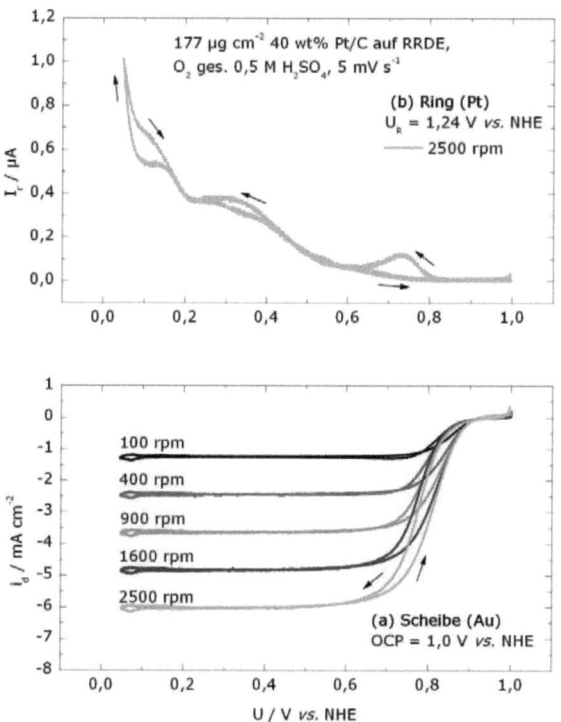

Abbildung 6.8 Scheibenstromdichte i_d (a) und Ringstrom I_r (b) während der Sauerstoffreduktion auf einem kommerziellen 40 wt% Pt/C in O_2 gesättigter 0,5 M $HClO_4$ (oben) bzw. 0,5 M H_2SO_4 (unten), jeweils bei Raumtemperatur. Vorschubgeschwindigkeit v = 5 mV s^{-1}. Übertragungsverhältnis N = 0,22, Rotationsgeschwindigkeiten ω wie angegeben, Ringpotenzial U_r = 1,24 V vs. NHE (aus [81]).

Die Ruhepotenziale (OCP) liegen in beiden Elektrolyten bei ca. 1 V vs. NHE und sind, wie bereits in Kapitel 1 erörtert, Mischpotenziale. Unterhalb von etwa 0,7 V sind in beiden Elektrolyten bei allen Rotationsgeschwindigkeiten sehr gut definierte Diffusionsgrenzströme zu beobachten, welche in Perchlorsäure um etwa 15 % höher sind. Aus den Daten aus Abbildung 6.8 wurden Tafel Auftragungen erstellt, siehe Abbildung 6.9. Es ist deutlich zu sehen, dass die Aktivität des Katalysators in einem nicht-adsorbierenden Elektrolyten ($HClO_4$) deutlich größer ist als in adsorbierenden (H_2SO_4). Bei kleineren Überspannungen (U = 0,8 – 0,9 V) sind die

Ströme in 0,5 M HClO$_4$ um etwa eine Dekade größer als in 0,5 M H$_2$SO$_4$. Die Tafelsteigungen sind in diesem Potenzialbereich ähnlich, sie betragen −60 mV/dec in 0,5 M H$_2$SO$_4$ und −55 mV/dec in 0,5 M HClO$_4$. Diese Tafelsteigungen werden durch die Adsorption von Sauerstoff unter Temkin-Bedingungen in der Anwesenheit von Pt-OH auf der Oberfläche verursacht [127]. Pt-OH, welches ab Potenzialen von circa 0,8 V gebildet wird, gilt als „Katalysatorgift" da es die O$_2$-Adsorption behindert.

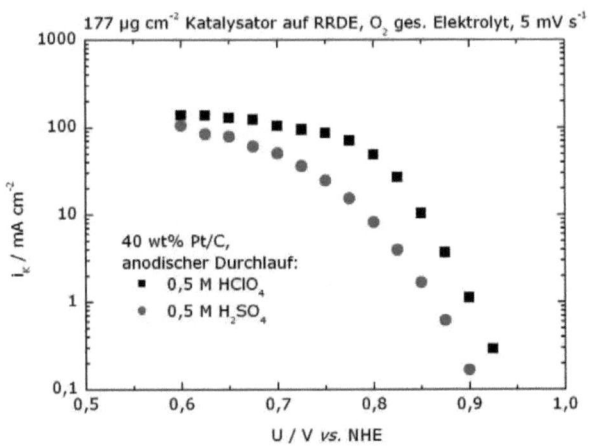

Abbildung 6.9 Tafel-Auftragung der kinetischen Stromdichte i_K (bezogen auf die geometrische Fläche) der Sauerstoffreduktion auf einem 40 wt% Pt/C Katalysator bei Raumtemperatur in O$_2$ gesättigter 0,5 M H$_2$SO$_4$ sowie 0,5 M HClO$_4$ wie angegeben. Es sind jeweils die Daten aus dem anodischen Durchlauf gezeigt.

Die Frage, ob dieser Aktivitätsunterschied mit einem Wechsel des Reaktionsweges erklärt werden kann, lässt sich durch die Analyse der Ringströme beantworten, siehe Abbildung 6.10.
Die H$_2$O$_2$ Bildung, und somit die Anzahl ausgetauschter Elektronen, zeigt in beiden Elektrolyten nahezu die gleiche Potenzialabhängigkeit. Im Potenzialbereich von 0,9 − 0,6 V vs. NHE werden 4 Elektronen ausgetauscht. Unterhalb von 0,6 V steigt die H$_2$O$_2$ Bildung geringfügig, in der H$_{upd}$ Region werden größere Mengen an Wasserstoffperoxid gebildet (≈ 1 %). Dieser Anstieg wird mit der H-Adsorption auf

Pt begründet, durch Blockade von Reaktionsplätzen für die Dissoziation von adsorbierten O_2 [128] und nicht durch die Wechselwirkung von O_2 mit H_{upd} [73].

Die geringere Aktivität von Pt/C in H_2SO_4 verglichen mit 0,5 M $HClO_4$ kann auch hier nicht durch einen Wechsel im Reaktionsweg begründet werden. Die Ursache liegt ausschließlich in der Blockade von aktiven Plätzen durch die struktursensitive Adsorption von (Hydrogen-)Sulfat [73, 128], wie bereits in der Einleitung erwähnt wurde.

Diese Situation ist auch kritisch für die Platin Anode einer PEM Brennstoffzelle. An der Anode, die typischerweise ein Potenzial von etwa 0,1 V aufweist, entstehen somit durch die Reduktion von O_2 geringe Mengen H_2O_2. Dieses gelangt durch den Übertritt von O_2 durch die dünne Polymer-Membran (*oxygen crossover*) auf die Anodenseite [128].

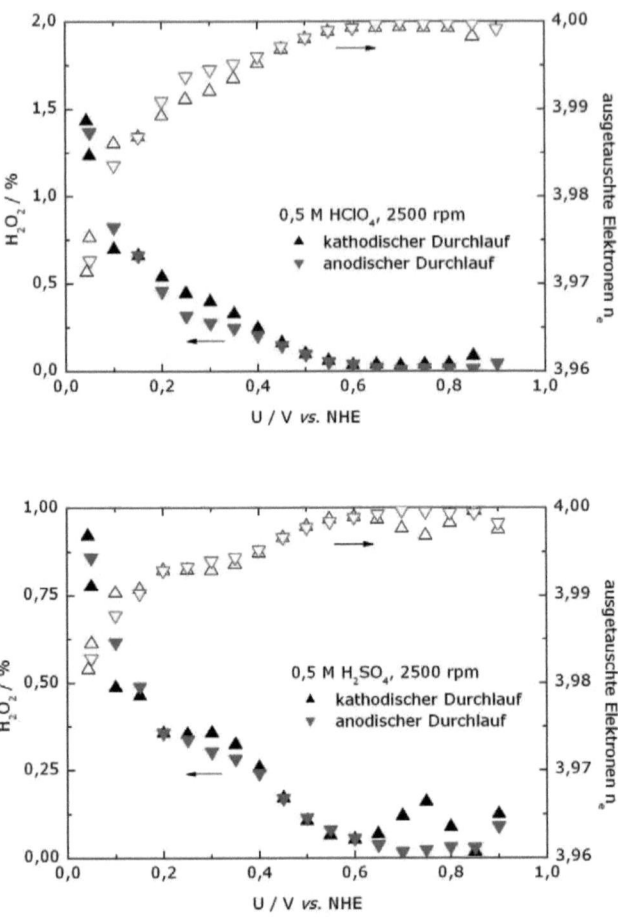

Abbildung 6.10 H_2O_2-Bildungsraten (linke Ordinaten) und Anzahl der ausgetauschten Elektronen n_e (rechte Ordinaten) als Funktion des Potenzials auf einem kommerziellen 40 wt% Pt/C in 0,5 M $HClO_4$ (oben) und 0,5 M H_2SO_4 (unten).

40 wt% Ru/Vulcan

Neben dem 40 wt% Pt/C Katalysator stellt der 40 wt% Ru/C-Katalysator eine zweite Referenz dar. Dieser wurde unter denselben Bedingungen wie der Platin Katalysator untersucht, die Ergebnisse der RRDE Untersuchungen in 0,5 M $HClO_4$ und 0,5 M H_2SO_4 sind in Abbildung 6.11 gezeigt.

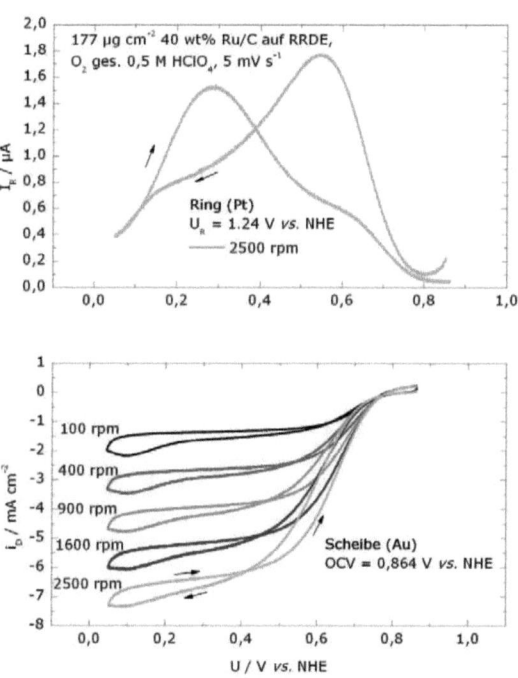

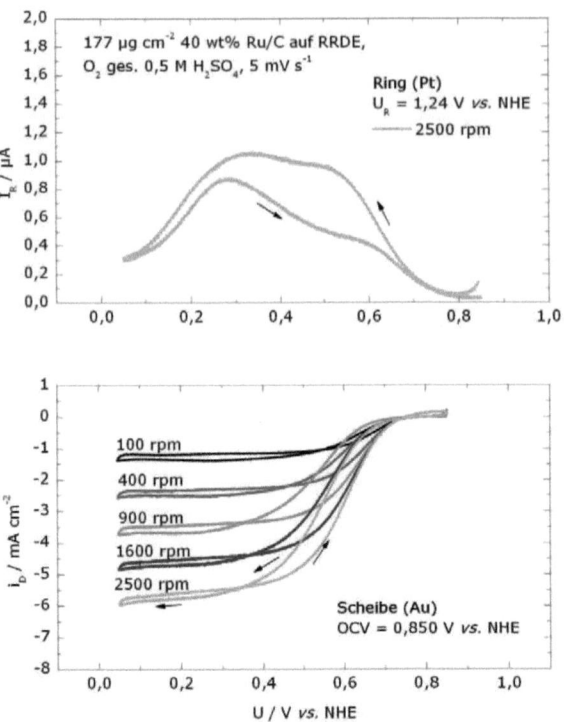

Abbildung 6.11 Scheibenstromdichte i_d (a) und Ringstrom I_r (b) während der Sauerstoffreduktion auf einem kommerziellen 40 wt% Ru/C in O_2 gesättigter 0,5 M $HClO_4$ (oben) bzw. 0,5 M H_2SO_4 (unten), jeweils bei Raumtemperatur. Vorschubgeschwindigkeit $v = 5$ mV s^{-1}. Übertragungsverhältnis N = 0,22, Rotationsgeschwindigkeiten ω wie angegeben, Ringpotenzial U_r = 1,24 V vs. NHE.

Die Ruhepotenziale liegen bei 0,85 V vs. NHE in Schwefelsäure, in Per-chlorsäure bei 0,864 V vs. NHE, also um knapp 400 mV negativer als das theoretische Potenzial von 1,229 V vs. NHE. Die Oxidation der Oberfläche von Ruthenium beginnt ab ca. 0,2 V [74]. Es liegt ein Oberflächenoxid RuO_x mit $0 < x < 1$ [126]. Bei etwa 0,7 V vs. NHE liegt Ruthenium in der Oxidationsstufe +II vor, e.g. RuO, $Ru(OH)_2$. Ab 0,7 V liegen höhere Oxidationsstufen wie +III (RuOOH) und +IV (RuO_2) vor. RuO_2 besitzen eine sehr geringe Aktivität in Bezug auf die

Sauerstoffreduktion [126]. Ähnlich wie auf Platin ist hier das Ruhepotenzial ein Mischpotenzial, die anodische Teilreaktion ist dabei die Oxidation von Ruthenium. Die Überspannungen sind in beiden Elektrolyten im Vergleich zu Pt/C um etwa 100 – 200 mV größer. Hier zeigen sich, insbesondere im kathodischen Durchlauf, weniger gut definierte Diffusionsgrenzströme. Ursache dafür ist die Reduktion von Rutheniumoxiden. Aus den anodischen Durchläufen in beiden Elektrolyten wurden die kinetischen Ströme extrahiert und in einer Tafel Darstellung aufgetragen, siehe Abbildung 6.12.

Die Ergebnisse in 0,5 M H_2SO_4 sind in sehr guter Übereinstimmung mit den RDE Messungen von Zehl et. al [129], wo ebenfalls ein 40 wt% Ru/Vulcan (E-TEK) untersucht wurde.

Die Ströme bei geringen Stromdichten (< 10 mA cm^{-2}) sind auch hier in 0,5 M $HClO_4$ um einen Faktor drei bis vier höher als in 0,5 M H_2SO_4.

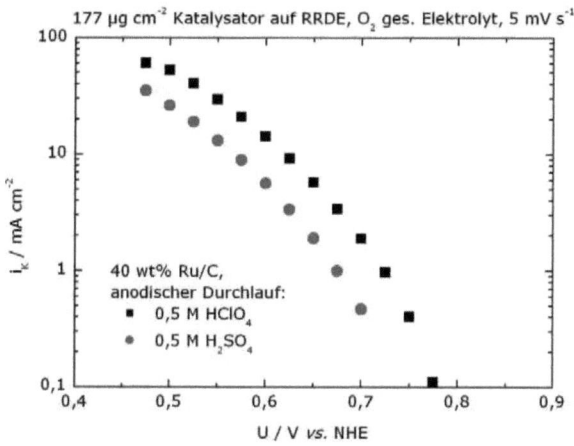

Abbildung 6.12 Tafel-Auftragung der kinetischen Stromdichte i_K (bezogen auf die geometrische Fläche) der Sauerstoffreduktion auf einem 40 wt% Ru/C Katalysator bei Raumtemperatur in O_2 gesättigter 0,5 M H_2SO_4 sowie 0,5 M $HClO_4$ wie angegeben. Es sind jeweils die Daten aus dem anodischen Durchlauf gezeigt.

Dies kann möglicherweise ebenfalls mit der Blockierung von Adsorptionsplätzen für Sauerstoff durch (Hydrogen-)Sulfat erklärt werden. Denn auch auf diesem

Katalysator ist kein Wechsel im Reaktionsweg zu beobachten, wie aus Abbildung 6.13 deutlich wird.

Die H_2O_2 Bildung zeigt in beiden Elektrolyten eine ähnliche Potenzial-abhängigkeit. Im Potenzialbereich von 0 – 0,5 V *vs.* NHE werden Mengen von knapp 2 % an H_2O_2 gebildet. Bei Potenzialen größer als 0,5 V steigt die gebildete Menge bis zu etwa 5 % an. Die höhere Bildungsrate im Vergleich zu Pt/C lässt sich mit der Blockierung von aktiven Plätzen durch stark adsorbierte Hydroxidspezies (OH_{ad}) erklären [46]. Diese Spezies entstehen durch die Autoprotolyse von Wasser und adsorbieren auf Ru bei weitaus negativeren Potenzialen als auf Pt. Im Wasserstoffbereich ist im Gegensatz zu Pt/C keine signifikante Erhöhung der H_2O_2-Bildungsrate zu beobachten. Dies lässt auf eine schwache Wechselwirkung mit H_{upd} schließen [46].

Für die Kathoden in Brennstoffzellen, die üblicherweise ein hohes Potenzial von etwa 0,7 V aufweisen, sind daher Ru/C Katalysatoren zur Sauerstoffreduktion nicht geeignet.

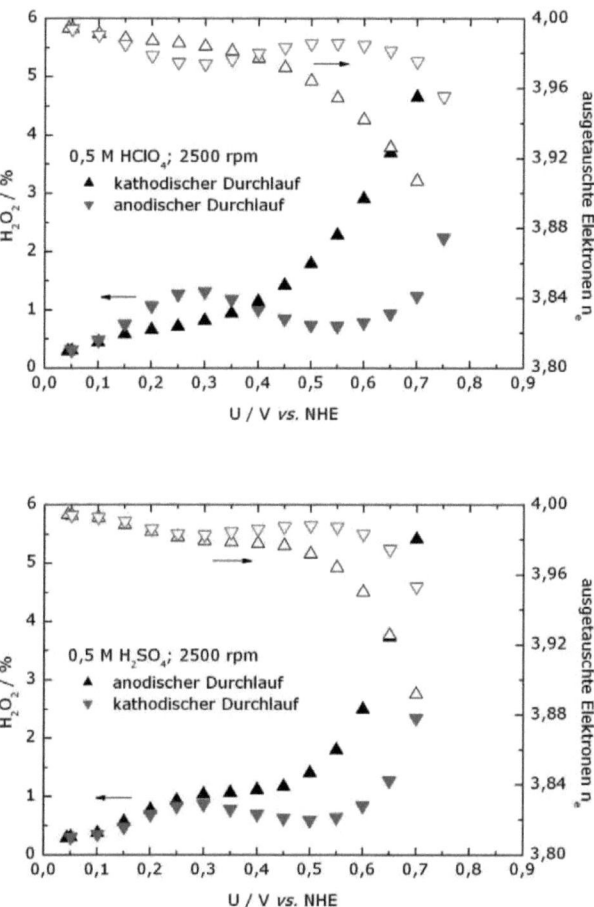

Abbildung 6.13 H_2O_2-Bildungsraten (linke Ordinaten) und Anzahl der ausgetauschten Elektronen n_e (rechte Ordinaten) als Funktion des Potenzials auf einem kommerziellen 40 wt% Ru/C in 0,5 M $HClO_4$ (oben) und 0,5 M H_2SO_4 (unten).

Synthese C: Ru(26 wt%)Se(6 wt%)/Vulcan

Nach der Untersuchung der beiden Referenzkatalysatoren Pt und Ru werden nun die Ergebnisse der Sauerstoffreduktion auf einem RuSe$_x$/C Katalysators (Synthese C) in 0,5 M HClO$_4$ und 0,5 M H$_2$SO$_4$ gezeigt, siehe Abbildung 6.14.

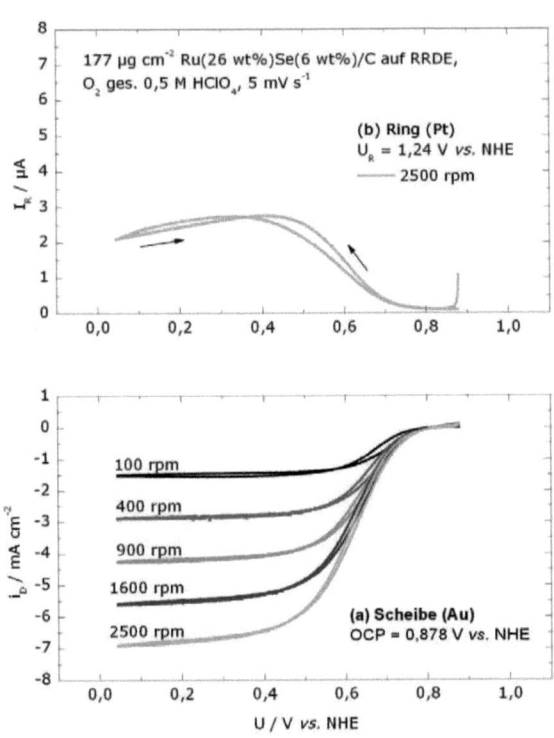

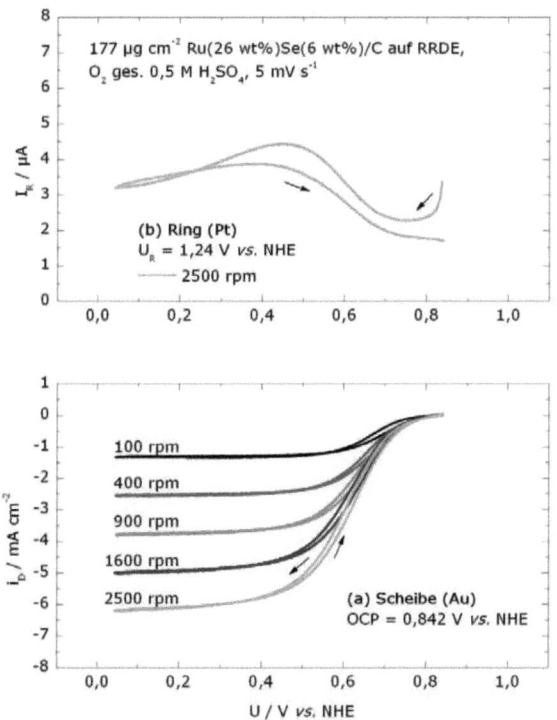

Abbildung 6.14 Scheibenstromdichte i_d (a) und Ringstrom I_r (b) während der Sauerstoffreduktion auf einem synthetisierten RuSe$_x$/C (Synthese C) in O$_2$ gesättigter 0,5 M HClO$_4$ (oben) bzw. 0,5 M H$_2$SO$_4$ (unten), jeweils bei Raumtemperatur. Ringpotenzial U_r = 1,24 V vs. NHE, Vorschubgeschwindigkeiten v = 5 mV s^{-1}, N = 0,22, ω wie angegeben (aus [81]).

Im Gegensatz zu Ru/C sind auf RuSe$_x$/C in beiden Elektrolyten gut definierte Diffusionsgrenzströme zu sehen. Abermals sind diese Ströme in Perchlorsäure um etwa 10 % höher als in Schwefelsäure. Die Ruhepotenziale sind jenen auf Ru/C ähnlich und liegen im Bereich um 0,85 V vs. NHE. Aus den anodischen Durchläufen wurden abermals die kinetischen Ströme mittels Koutecky-Levich Auftragung ermittelt, die Ergebnisse sind in Abbildung 6.12 gezeigt.

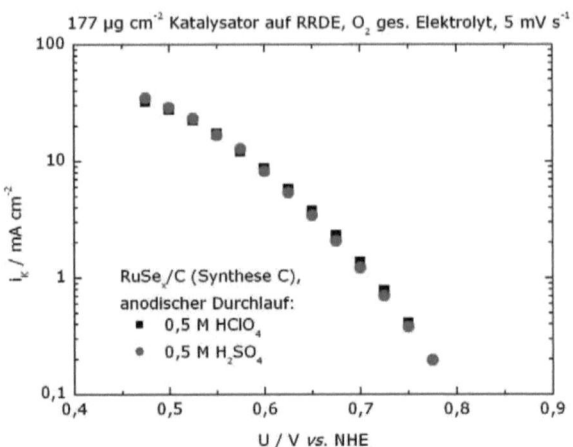

Abbildung 6.15 Tafel-Auftragung der kinetischen Stromdichte i_K (bezogen auf die geometrische Fläche) der Sauerstoffreduktion auf einem synthetisierten RuSe$_x$/C Katalysator (Synthese C) bei Raumtemperatur in O_2 gesättigter 0,5 M H_2SO_4 sowie 0,5 M $HClO_4$ wie angegeben. Es sind jeweils die Daten aus dem anodischen Durchlauf gezeigt.

Interessanterweise findet sich hier kein signifikanter Unterschied wie zuvor auf Ru/C. Die kinetischen Stromdichten in $HClO_4$ sind um wenige Prozent geringfügig größer als in H_2SO_4. Ein Wechsel im Reaktionsweg lässt sich weitestgehend ausschließen. Die Analyse der Ringströme zeigt, dass die H_2O_2 Bildung im Potenzialbereich 0,05 bis etwa 0,6 V vs. NHE in Schwefelsäure bei circa 3 – 4 % liegt, in Perchlorsäure jedoch bei etwa 2 %, siehe Abbildung 6.16. Dies erklärt die um wenige Prozent geringeren Diffusionsgrenzströme.

Im Unterschied zu Ru/C ist auf RuSe$_x$/C offensichtlich keine Blockierung von Adsorptionsplätzen für molekularen Sauerstoff durch adsorbiertes OH$_{ad}$ zu beobachten. Ebenso wie auf Ru/C ist im Wasserstoffbereich keine signifikante Erhöhung der H_2O_2-Bildung zu beobachten, was abermals auf eine schwache oder fehlende Wechselwirkung mit H$_{upd}$ zurückzuführen ist [46].

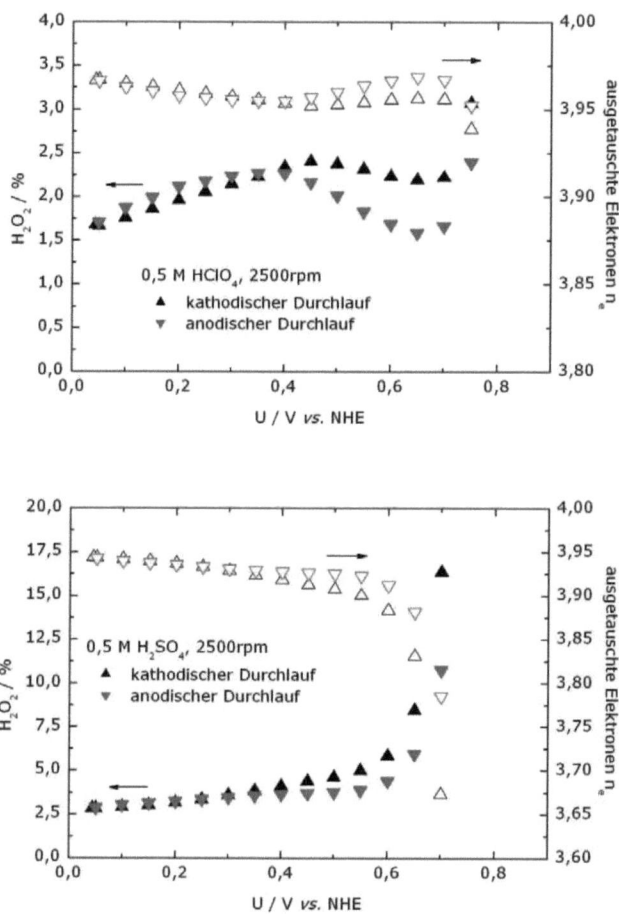

Abbildung 6.16 H$_2$O$_2$-Bildungsraten (linke Ordinaten) und Anzahl der ausgetauschten Elektronen n$_e$ (rechte Ordinaten) als Funktion des Potenzials auf einem synthetisierten RuSe$_x$/C (Synthese C) in O$_2$ gesättigter 0,5 M HClO$_4$ (oben) bzw. 0,5 M H$_2$SO$_4$ (unten).

Wie bereits in der Einleitung erwähnt ist eine geringe H$_2$O$_2$ Bildung mitentscheidend für die Eignung eines Katalysators für die Kathode einer Brennstoffzelle. Es stellt sich nun die Frage, ob der Selen-Gehalt einen Einfluss auf die H$_2$O$_2$-Bildung besitzt. Die Bildungsraten wurden aus dem anodischen Durchlauf bei 2500 rpm für vier typische Kathodenpotenziale einer DMFC (0,4 – 0,7 V) berechnet.

Auftragungen der H_2O_2-Bildungsraten auf Ru-basierten Katalysatoren (40 wt% Ru/C, RuSe$_x$/C: Synthese B und Synthese C) als Funktion des Se-Gehaltes sind in Abbildung 6.17 gezeigt.

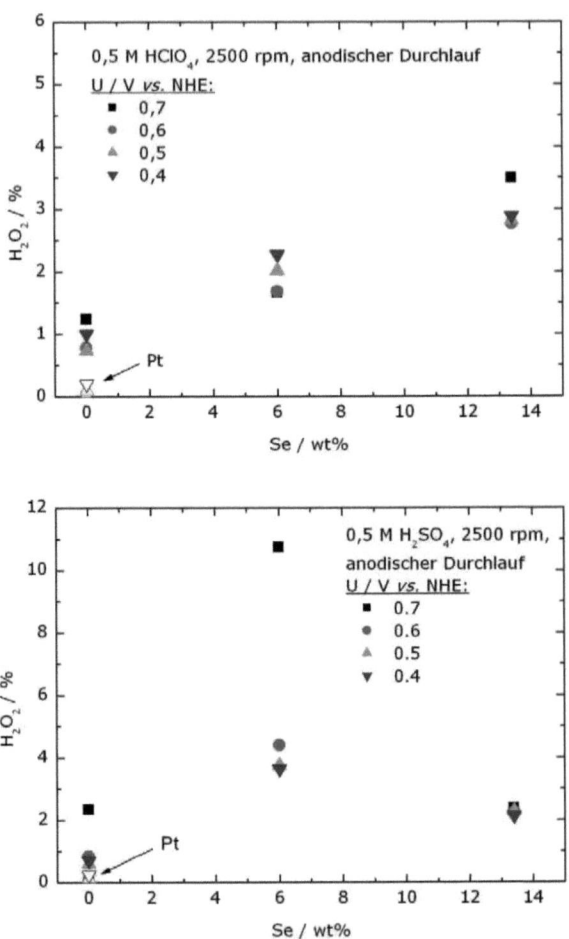

Abbildung 6.17 H_2O_2-Bildungsraten in Abhängigkeit des Se-Gehaltes der untersuchten Ru-basierten Katalysatoren (40 wt% Ru/C, RuSe$_x$/C Synthese B und Synthese C). Die Daten stammen aus den anodischen Durchläufen der Sauerstoffreduktion bei 2500 rpm in 0,5 M $HClO_4$ (oben) und 0,5 M H_2SO_4 (unten) bei verschiedenen Potenzialen wie

angezeigt. Der kommerzielle 40 wt% Pt/C Katalysator ist als Referenz eingefügt (offene Symbole) (aus [81]).

Offensichtlich besteht eine Abhängigkeit zwischen der H_2O_2-Bildung und dem Selen-Gehalt. Selen wirkt sich in beiden Elektrolyten nachteilig auf die H_2O_2-Bildung aus, sie liegt höher als auf reinem Ruthenium. Möglicherweise führt ein höherer Selen-Gehalt zur Blockierung von aktiven Rutheniumplätzen und favorisiert dadurch die endständige Koordination der Sauerstoffadsorption (vgl. Abbildung 1.9). Dies ist im Gegensatz zu den Ergebnissen von Zehl et al. [129]. Dort führte ein Selen-Gehalt ab 2,5 wt% auf $RuSe_x$/Black Pearls zu einer signifikanten Erniedrigung der H_2O_2-Bildung (1 – 3 %). In der Ansicht der Autoren reichen geringe Mengen an Selen aus, die aktiven Zentren der Ruthenium-Oberfläche zu blockieren, welche für die H_2O_2-Bildung verantwortlich sind.

Der kommerzielle Pt/C Katalysator ist in Abbildung 6.17 als Referenz eingefügt. Auf diesem Katalysator ist die Bildung von Wasserstoffperoxid im untersuchten Potenzialbereich vernachlässigbar (< 1 %). Auf den Ru-basierten Katalysatoren wird 1 – 4 % H_2O_2 gebildet, in Übereinstimmung mit den Ergebnissen aus der Literatur [46].

Vergleicht man nun die, auf die Masse Edelmetall bezogenen, kinetischen Ströme i_K für den anodischen Durchlauf in 0,5 M H_2SO_4 in Tafel-Auftragungen miteinander, so erhält man das in Abbildung 6.18 (oben) gezeigte Bild. Aus Gründen der Übersichtlichkeit sind die kommerziellen 40 wt% Ru/C und 40 wt% Pt/C sowie der aktivste $RuSe_x$/C Katalysator (Synthese C) gezeigt. Man erkennt, dass der $RuSe_x$/C Katalysator bei kleinen Stromdichten eine etwa 100 - 120 mV höhere Überspannung im Vergleich zu Pt/C aufweist, jedoch aktiver ist als Ru/C. Dieser weist eine etwa 180 – 200 mV höhere Überspannung auf.

Auf allen Katalysatoren scheinen die Ströme unterhalb von 0,6 V (Pt/C) bzw. 0,5 V *vs.* NHE (Ru-basierte) einen Grenzwert anzustreben. Eine Limitierung durch Massentransport kann ausgeschlossen werden, da die extrahierten kinetischen Ströme unabhängig von der Umdrehungsgeschwindigkeit sind. Diese Grenzwerte können daher durch eine chemische Reaktion verursacht werden, welche den geschwindigkeitsbestimmenden Schritt darstellt. Dies könnte zum Beispiel die Dissoziation von O_2 auf der Katalysatoroberfläche sein [72].

Normiert man die kinetischen Ströme auf die wahre aktive Oberfläche, die mittels Cu-upd ermittelt worden ist und trägt sie in einer Tafel Darstellung auf, so ergibt sich das folgende Bild (siehe Abbildung 6.18, unten). Es zeigt sich im Vergleich zur massenspezifischen Aktivität eine signifikante Erhöhung der elektrochemischen Aktivität des $RuSe_x$/C Katalysators. Die oberflächenspezifische Aktivität ist damit nahezu vergleichbar mit jener des Pt/C. Aufgrund der Bildung von Cu_xSe [121] spiegelt die Desorptionsladung von 420 µC cm^{-2}, wie bereits erwähnt, nicht die korrekte Oberfläche wieder [111]. Da die Oberflächenzusammensetzung des $RuSe_x$/C Katalysators nicht genau bekannt ist, wurden vorläufig 420 µC cm^{-2} als Desorptionsladung angenommen. Sollte die Oberfläche jedoch mit Selen gesättigt sein, dann sollte eine Ladungsdichte von 105 µC cm^{-2} als Umrechnungsfaktor verwendet werden, wie es in Ref. [111] diskutiert wird. Dies würde bedeuten, dass die ermittelte Fläche unterschätzt wird und dass der maximale Fehler in der Oberflächenbestimmung einen Faktor von vier besitzt. Konsequenterweise würden daher die oberflächen-spezifischen Ströme um einen Faktor vier kleiner werden (siehe schwarze Dreiecke in Abbildung 6.18, unten). Da dies jedoch das untere Limit der oberflächenspezifischen Aktivität darstellt, und die wahre Desorptionsladung wahrscheinlich zwischen 105 und 420 µC cm^{-2} liegen wird, kann man $RuSe_x$/C in Hinblick auf die Oberflächenaktivität als adäquate Alternative zu Pt/C betrachten [81].

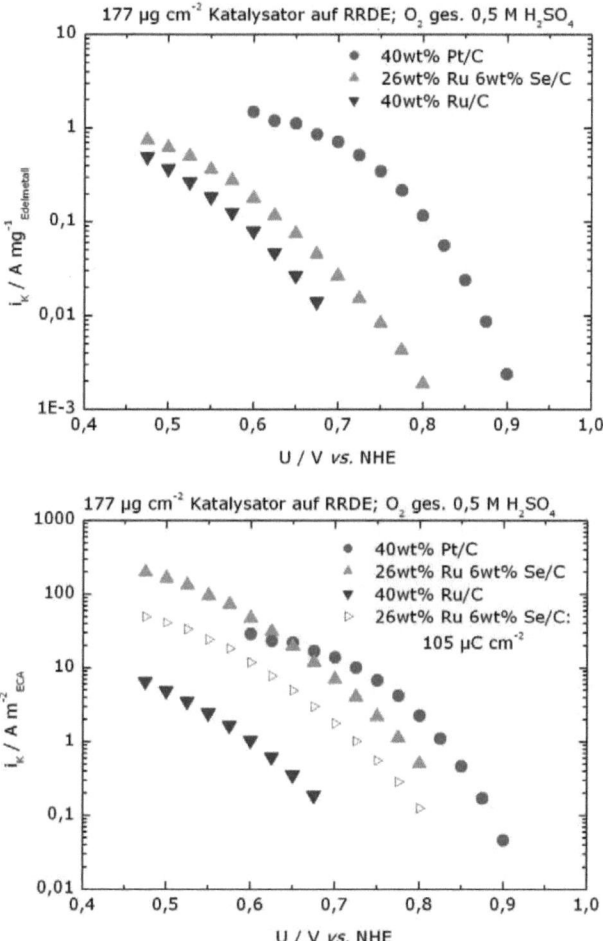

Abbildung 6.18 Tafel-Auftragungen der massenspezifischen (oben) und oberflächenspezifischen (unten) kinetischen Stromdichten i_K der Sauerstoffreduktion bei Raumtemperatur in O_2 gesättigter 0,5 M H_2SO_4 auf drei verschiedenen Katalysatoren wie angegeben. Es ist der anodische Durchlauf gezeigt. Die schwarzen Dreiecke kennzeichnen die Oberflächenaktivität von RuSe$_x$/C, wenn ein anderer Umrechnungsfaktor der Kupfer-Abscheidung (105 µC cm^{-2}) verwendet wird, siehe Text (aus [81]).

6.3.4 RRDE Messungen auf Carbon Nanofasern-geträgerten Katalysatoren

Carbon-Nanofasern (Platelet)

Zunächst wurde, ähnlich wie auf Vulcan, die Aktivität des Trägermaterials in Bezug auf die Sauerstoffreduktion bestimmt. Die Ergebnisse in sauerstoffgesättigter 0,5 M H_2SO_4 sind in Abbildung 6.19 gezeigt.

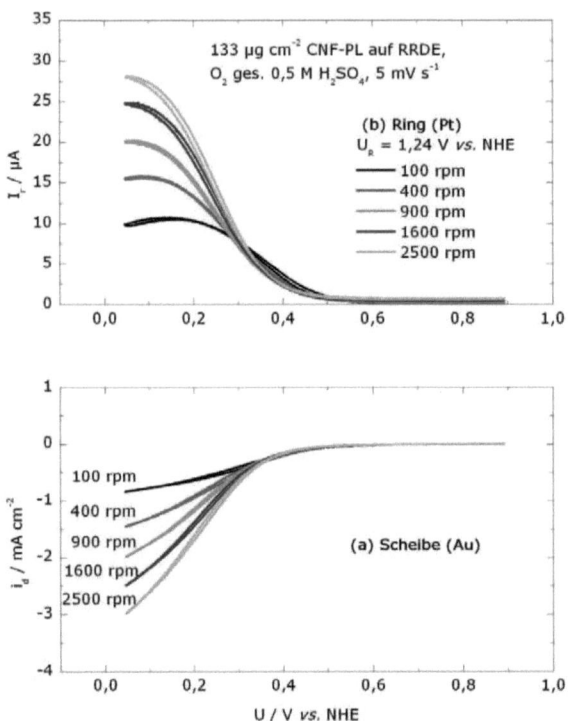

Abbildung 6.19 Scheibenstromdichte i_d (a) und Ringstrom I_r (b) während der Sauerstoffreduktion auf dem Trägermaterial CNF-PL in O_2 gesättigter 0,5 M H_2SO_4 bei Raumtemperatur. Vorschubgeschwindigkeit $v = 5$ mV s^{-1}. Rotationsgeschwindigkeiten ω wie angegeben, Übertragungsverhältnis $N = 0,22$, Ringpotenzial $U_r = 1,24$ V vs. NHE.

Wie schon im Falle von Vulcan XC72R sind keine Diffusionsgrenzströme zu beobachten. Signifikante Ströme auf Scheibe und Ring sind unterhalb von etwa 0,4 V *vs.* NHE zu beobachten. Die Reaktion befindet sich im gesamten untersuchten Potenzialbereich unter gemischter Kontrolle der Kinetik und Diffusion. Auch auf diesem Trägermaterial dominiert der 2-Elektronen-Reaktionsweg, wie aus Abbildung 6.20 deutlich wird. Bei Potenzialen größer als 0,2 V *vs.* NHE werden über 50 % H_2O_2 gebildet. Auch hier wird abermals aufgrund der geringen gemessenen Ströme und der damit verbundenen hohen Ungenauigkeit die Evaluierung bei 0,5 V *vs.* NHE abgebrochen, da die Bildungsraten größer als 100 % werden.

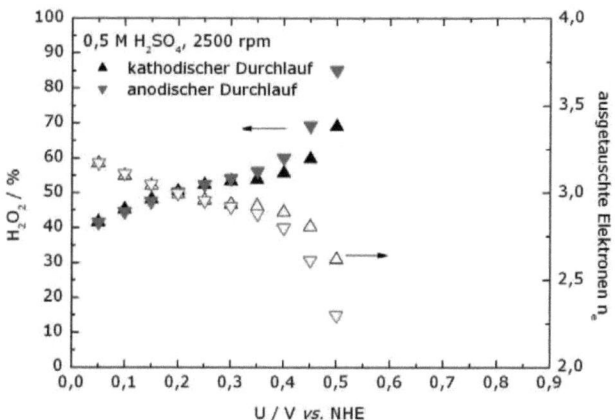

Abbildung 6.20 H_2O_2-Bildungsraten (linke Ordinaten) und Anzahl der ausgetauschten Elektronen n_e (rechte Ordinaten) als Funktion des Potenzials auf einem Trägermaterial CNF-PL in 0,5 M H_2SO_4.

<u>10 wt% Pt/CNF-PL</u>

Die Ergebnisse der Sauerstoffreduktion auf einem kommerziellen 10 wt% $RuSe_x$/CNF-PL Katalysator in O_2 gesättigter 0,5 M $HClO_4$ bzw. 0,5 M H_2SO_4 sind in Abbildung 6.21 gezeigt.

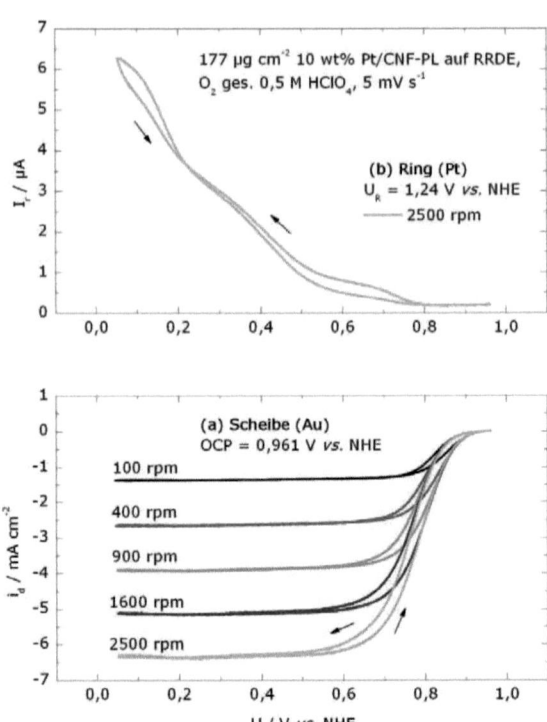

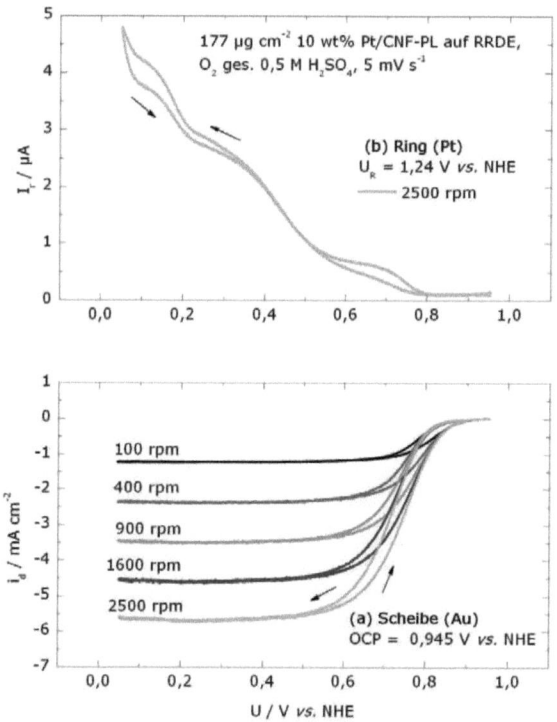

Abbildung 6.21 Scheibenstromdichte i_d (a) und Ringstrom I_r (b) während der Sauerstoffreduktion auf einem 10 wt% Pt/CNF-PL in O_2 gesättigter 0,5 M $HClO_4$ (oben) bzw. 0,5 M H_2SO_4 (unten) bei Raumtemperatur. Vorschubgeschwindigkeit v = 5 mV s^{-1}. Rotationsgeschwindigkeiten ω wie angegeben, Übertragungsverhältnis N = 0,22, Ringpotenzial U_r = 1,24 V vs. NHE.

Unterhalb von 0,5 V vs. NHE beobachtet man gut definierte Diffusionsgrenzströme I_{dl}. Die Ruhepotenziale liegen bei 0,961 V in 0,5 M $HClO_4$ und 0,945 V vs. NHE in 0,5 M H_2SO_4. Wiederum ist das Ruhepotenzial in Perchlorsäure geringfügig um ca. 20 mV größer als in Schwefelsäure. Jedoch sind beide Ruhepotenziale um etwa 50 mV geringer als jene des 40 wt% Pt/C Katalysators. Die Ringströme zeigen ähnliche Charakteristika wie schon auf 40 wt% Pt/C.

Die Tafel-Auftragungen sind in Abbildung 6.22 gezeigt. Die kinetischen Ströme in Perchlorsäure sind, ähnlich wie auf 40 wt% Pt/C, um einen Faktor drei bis vier größer als jene in Schwefelsäure. Abermals kann ein Blockierungseffekt der aktiven Reaktionsplätze durch HSO_4^- bzw. SO_4^{2-} für die unterschiedlichen Aktivitäten verantwortlich gemacht werden. Ein Wechsel des Reaktionsweges ist auszuschließen, da die H_2O_2-Bildung in beiden Elektrolyten nahezu die gleiche Potenzialabhängigkeit zeigt.

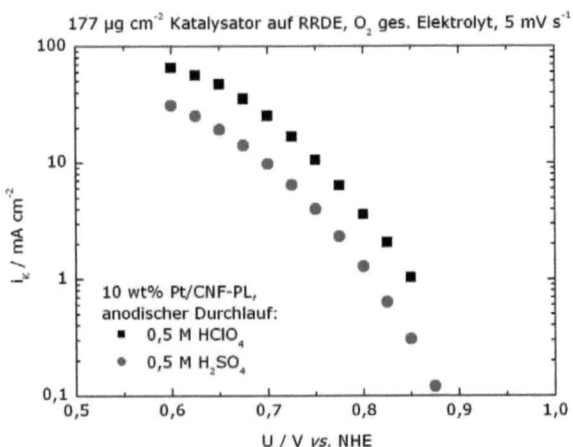

Abbildung 6.22 Tafel-Auftragung der kinetischen Stromdichte i_K (bezogen auf die geometrische Fläche) der Sauerstoffreduktion auf einem 10 wt% Pt/CNF-PL Katalysator bei Raumtemperatur in O_2 gesättigter 0,5 M H_2SO_4 sowie 0,5 M $HClO_4$ wie angegeben. Es sind jeweils die Daten aus dem anodischen Durchlauf gezeigt.

Auch auf diesem Katalysator beobachtet man in beiden Elektrolyten eine merkliche Zunahme der H_2O_2-Bildung im Bereich der Wasserstoff-Adsorption (0 – 0,3 V *vs.* NHE), siehe Abbildung 6.23. Im typischen Potenzialbereich einer Kathode (0,9 – ca. 0,5 V *vs.* NHE) weist der Katalysator eine niedrige H_2O_2-Bildung, d.h. eine sehr hohe Selektivität bezüglich der direkten Reduktion, auf. In diesem Bereich werden etwa 3,99 Elektronen pro Sauerstoffmolekül ausgetauscht.

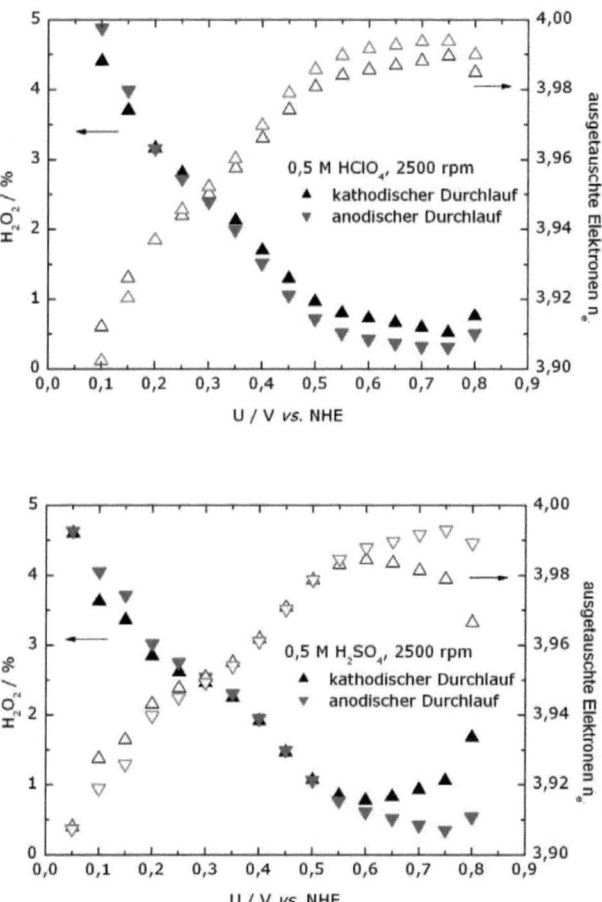

Abbildung 6.23 H_2O_2-Bildungsraten (linke Ordinaten) und Anzahl der ausgetauschten Elektronen n_e (rechte Ordinaten) als Funktion des Potenzials bei 2500 rpm auf einem 10 wt% Pt/CNF-PL in 0,5 M $HClO_4$ (oben) und 0,5 M H_2SO_4 (unten).

15 wt% Ru/CNF-PL

Neben dem Pt/CNF-PL Katalysator wurde auch ein Ru/CNF-PL Katalysator mit 15 wt% Ru unter denselben Bedingungen wie der Platin Katalysator untersucht, die Ergebnisse der RRDE Untersuchungen in 0,5 M $HClO_4$ und 0,5 M H_2SO_4 sind in Abbildung 6.24 gezeigt.

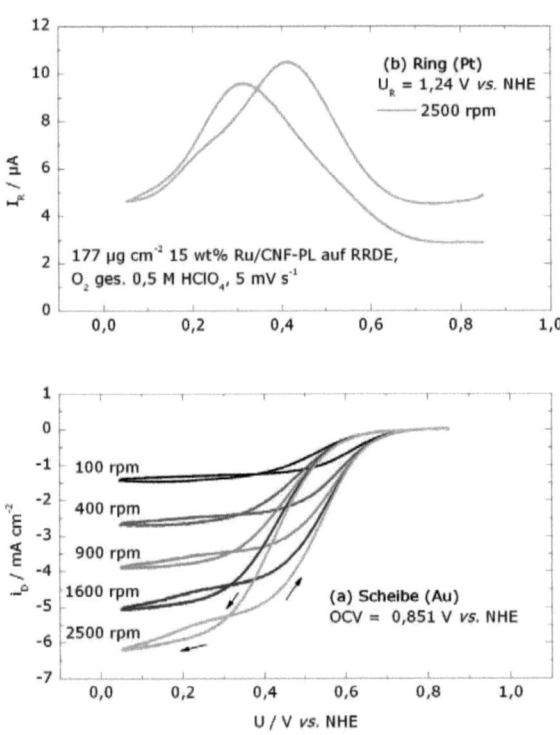

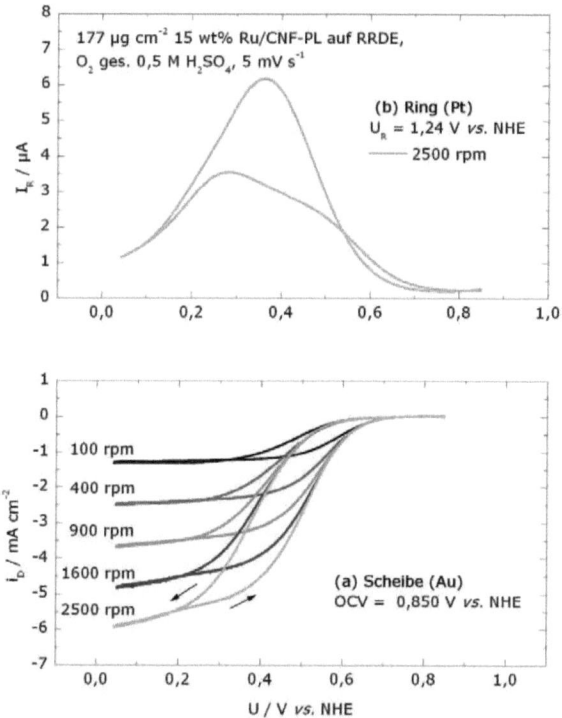

Abbildung 6.24 Scheibenstromdichte i_d (a) und Ringstrom I_r (b) während der Sauerstoffreduktion auf einem 15 wt% Ru/CNF-PL in O_2 gesättigter 0,5 M $HClO_4$ (oben) bzw. 0,5 M H_2SO_4 (unten) bei Raumtemperatur. Vorschubgeschwindigkeit v = 5 mV s^{-1}. Rotationsgeschwindigkeiten ω wie angegeben, Übertragungsverhältnis N = 0,22, Ringpotenzial U_r = 1,24 V vs. NHE.

Die Ruhepotenziale in beiden Elektrolyten liegen nahezu identisch bei 0,85 V vs. NHE. Diese Potenziale sind damit in guter Übereinstimmung mit den Ruhepotenzialen auf Ru/C. Die Scheibenströme sind in Perchlorsäure um wenige Prozent höher als in Schwefelsäure. Wie bereits bei Ru/C festgestellt worden ist, sind die Ringströme in 0,5 M $HClO_4$ ebenfalls größer. Trotz dieser größeren Ringströme zeigt sich in der Tafel Darstellung (Abbildung 6.25), dass bei kleinen Stromdichten die Aktivität in $HClO_4$ um einen Faktor 2 größer ist als in H_2SO_4. Diese erhöhte Aktivität nimmt jedoch ab. Bei Potenzialen um 0,35 V vs. NHE erhält man gleiche Stromdichten in beiden Elektrolyten. Die Tafelsteigungen betragen im Potenzialbereich 0,5 – 0,6 V *vs.* NHE −120 mV/dec in 0,5 M H_2SO_4 und −143 mV/dec in 0,5 M $HClO_4$ (jeweils anodischer Durchlauf).

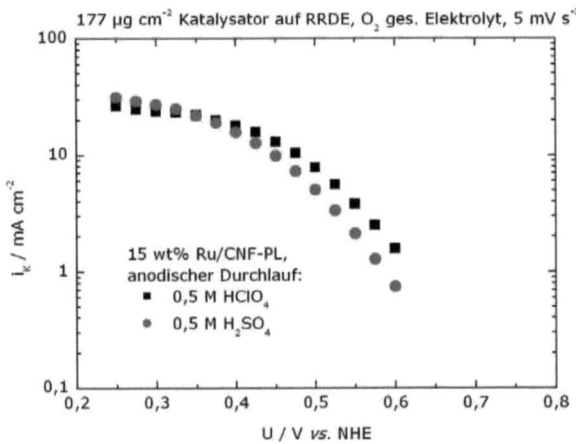

Abbildung 6.25 Tafel-Auftragung der kinetischen Stromdichte i_K (bezogen auf die geometrische Fläche) der Sauerstoffreduktion auf einem 15 wt% Ru/CNF-PL Katalysator bei Raumtemperatur in O_2 gesättigter 0,5 M H_2SO_4 sowie 0,5 M $HClO_4$ wie angegeben. Es sind jeweils die Daten aus dem anodischen Durchlauf gezeigt.

Die Analyse der Ringströme aus den RRDE Daten ergibt das folgende Bild (Abbildung 6.26). Es zeigen sich in beiden Elektrolyten erhebliche Unterschiede zwischen den Durchläufen. Im anodischen und kathodischen Durchlauf ist, im jeweiligen Elektrolyten bei Potenzialen kleiner als etwa 0,3 V, die H_2O_2-Bildungsrate gleich. Bei Potenzialen über 0,3 V zeigen sich signifikante Unterschiede. Die Bildungsrate ist jeweils im kathodischen Durchlauf ein Vielfaches größer als im anodischen. Eine Erklärung dafür wäre der Oxidationszustand der Rutheniumoberfläche. Ausgehend vom Ruhepotenzial (≈0,85 V *vs.* NHE) liegt die Oberfläche im kathodischen Durchlauf anfangs oxidiert vor, nach dem Umkehrpotenzial bei 0,05 V im anodischen Durchlauf liegt sie hingegen reduziert vor und wird mit steigendem Potenzial langsam reoxidiert. Generell ist weiter festzustellen, dass die H_2O_2-Bildung in 0,5 M $HClO_4$ größer ist. Praktisch im gesamten analysierten Potenzialbereich des anodischen Durchlaufs (0,05 – 0,55 V vs. NHE) wird in Perchlorsäure zwischen 5 und 10 % H$_2$O$_2$ gebildet, in Schwefelsäure hingegen nur zwischen knapp 0 und 5 %. Die um einen Faktor 2 (vgl. 40 wt% Ru/C: Faktor 3 – 4) höhere Aktivität der Sauerstoffreduktion in HClO$_4$ lässt sich abermals durch eine Blockierung der aktiven Plätze durch (Hydrogen)Sulfat erklären.

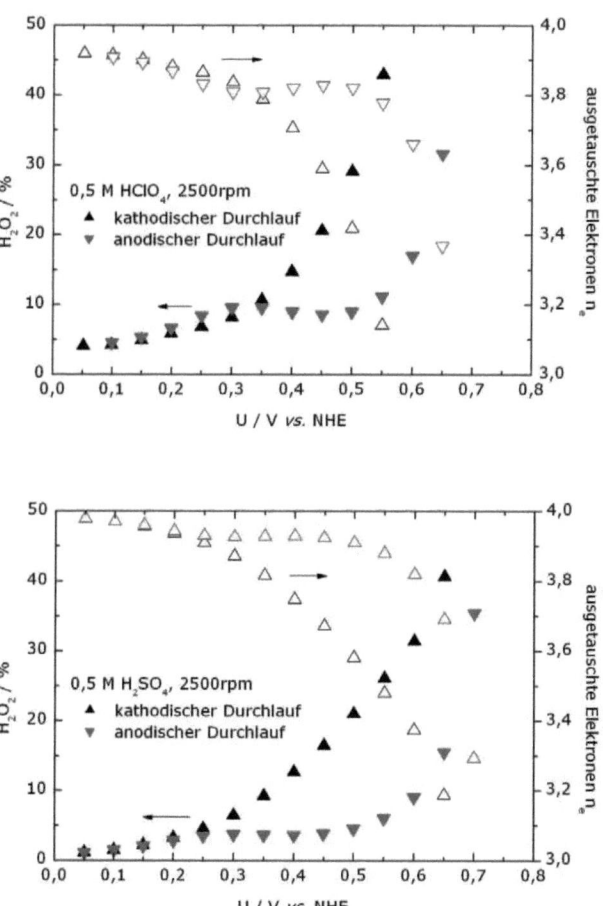

Abbildung 6.26 H$_2$O$_2$-Bildungsraten (linke Ordinaten) und Anzahl der ausgetauschten Elektronen n$_e$ (rechte Ordinaten) als Funktion des Potenzials bei 2500 rpm auf einem 15 wt% Ru/CNF-PL in 0,5 M HClO$_4$ (oben) und 0,5 M H$_2$SO$_4$ (unten).

Synthese E: Ru(26 wt%)Se(6 wt%)/CNF-PL

Die Ergebnisse der Sauerstoffreduktion auf dem RuSe$_x$/CNF-PL Katalysator (Synthese E) in O$_2$ gesättigter 0,5 M H$_2$SO$_4$ sind in Abbildung 6.27 gezeigt. Unterhalb von 0,4 V *vs.* NHE beobachtet man gut definierte Diffusionsgrenzströme. Das Ruhepotenzial liegt mit 0,884 V *vs.* NHE geringfügig anodischer als jenes der bereits gezeigten geträgerten Ru und RuSe$_x$ Katalysatoren. Die IR-korrigierten, kinetischen Ströme I$_k$ wurden abermals mittels Koutecky-Levich Auftragungen ermittelt, siehe Abbildung 6.28. Zwei Tafelbereiche sind, ähnlich wie auf geträgertem Platin, erkennbar. Bei höheren Stromdichten (Potenzialbereich 0,7 V *vs.* NHE und darunter) sind Tafelsteigungen von −117 mV/dec beobachtbar, bei Potenzialen positiver als 0,7 V lässt sich eine Gerade mit einer Tafelsteigung mit −60 mV/dec angleichen. Die Änderung der Tafelsteigung, und damit der Kinetik, kann möglicherweise durch den Wechsel der Adsorptionsbedingungen erklärt werden: Temkin Isotherme bei niedrigen Stromdichten, Langmuir Isotherme bei höheren Stromdichten, ähnlich wie auf Platin.

Zusätzlich wurde die Austauschstromdichte i$_0$ aus Abbildung 6.28 er-mittelt. Dazu wurde im Bereich 0,75 - 0,8 V *vs.* NHE eine Gerade an die Messpunkte angelegt, und auf das Nernstpotenzial (1,23 V *vs.* NHE) extrapoliert. Es wurde eine Austauschstromdichte i$_0$ = 10^{-12} - 10^{-13} A cm^{-2} ermittelt.

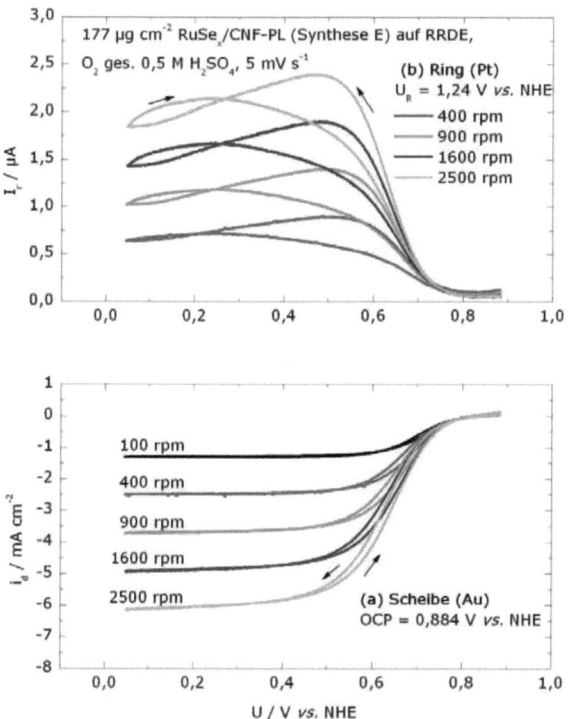

Abbildung 6.27 Scheibenstromdichte i_d (a) und Ringstrom I_r (b) während der Sauerstoffreduktion auf einem RuSe$_x$/CNF-PL (Synthese E) in O$_2$ gesättigter 0,5 M H$_2$SO$_4$ bei Raumtemperatur. Vorschubgeschwindigkeit v = 5 mV s^{-1}. Übertragungsverhältnis N = 0,22, Rotationsgeschwindigkeiten ω wie angegeben, Ringpotenzial U_r = 1,24 V vs. NHE.

Mittels Gleichungen (6.8) und (6.9) wurden die Bildungsraten von H$_2$O$_2$ und die Anzahl ausgetauschter Elektronen n_e bestimmt. Die Ergebnisse sind in Abbildung 6.29 wiedergegeben. Über den gesamten analysierten Potenzialbereich von 0,75 bis 0,05 V vs. NHE beträgt die Bildungsrate etwa 2 %, entsprechend werden im Schnitt 3,95 Elektronen übertragen. Der RuSe$_x$/CNF-PL weist daher eine sehr hohe Selektivität im Bezug auf die direkte Reduktion von O$_2$ zu Wasser auf.

Den Mechanismus der Sauerstoffreduktion kann man sich auf diesem Katalysator, ähnlich wie zuvor auf RuSe$_x$/Vulcan, vorstellen. Die geringe H$_2$O$_2$-Bildungsrate kann mittels endständiger Koordination (ein O-Atom bindet an Ru) erklärt werden.

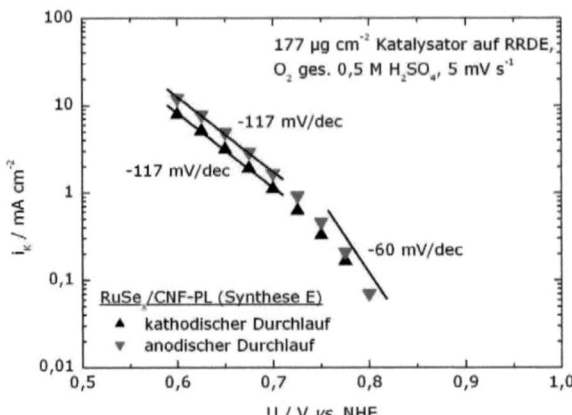

Abbildung 6.28 Tafel-Auftragung der kinetische Stromdichten i_k (bezogen auf die geometrische Fläche) aus den anodischen und kathodischen Durchläufen für die kathodische Sauerstoffreduktion auf einem RuSe$_x$/CNF-PL Katalysator (Synthese E) in O$_2$ gesättigter 0,5 M H$_2$SO$_4$ bei Raumtemperatur. Die Daten wurden aus Abbildung 6.27 mittels Koutecky-Levich Auftragung ermittelt.

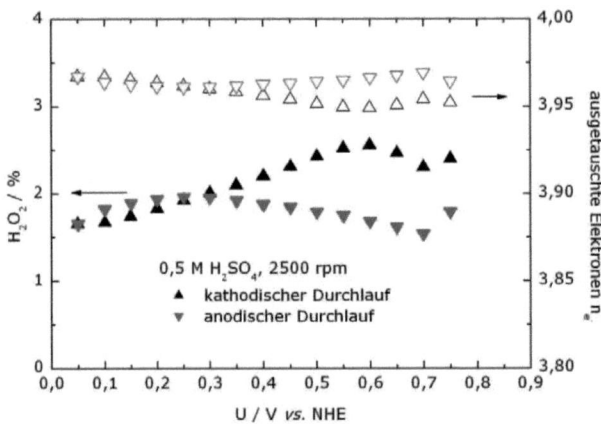

Abbildung 6.29 H$_2$O$_2$-Bildungsraten (linke Ordinate) und Anzahl der ausgetauschten Elektronen n_e (rechte Ordinate) als Funktion des Potenzials bei 2500 rpm auf RuSe$_x$/CNF-PL in 0,5 M H$_2$SO$_4$.

6.3.5 Vergleiche der Aktivitäten der Katalysatoren in 0,5 M H_2SO_4

Nachdem die Ergebnisse der Vulcan- sowie der Nanofaser-geträgerten Katalysatoren einzeln diskutiert wurden, werden nun die Aktivitäten miteinander verglichen. Für Vergleichszwecke wurde eine Normierung der Aktivitäten auf die geometrische Fläche, die Masse Edelmetall und auf die elektrochemisch aktive Fläche (ECA) durchgeführt.

<u>Aktivitäten normiert auf die geometrische Fläche</u>

Eine Gegenüberstellung der spezifischen Aktivitäten (Aktivität pro geometrischer Fläche) der Pt- und Ru-basierten Katalysatoren, der reinen Trägermaterialien sowie der Au-Scheibe (Substratmetall) in O_2 gesättigter 0,5 M H_2SO_4 sind in Abbildung 6.30 gezeigt. Es sind jeweils die Daten aus dem anodischen Durchlauf der entsprechenden RRDE Untersuchungen gezeigt.

Die Trägermaterialien wurden untersucht, um deren Einfluss auf die Gesamtaktivität des jeweiligen Katalysators quantifizieren zu können. Weiters muss vorab sichergestellt werden, dass Beiträge des Substratmetalls (Au-Scheibe der RRDE) ebenfalls für den Fall ausgeschlossen werden können, dass die aufgetragene Katalysatorschicht trotz penibelster Probenvorbereitung nicht die gesamte Au-Substratfläche bedecken sollte.

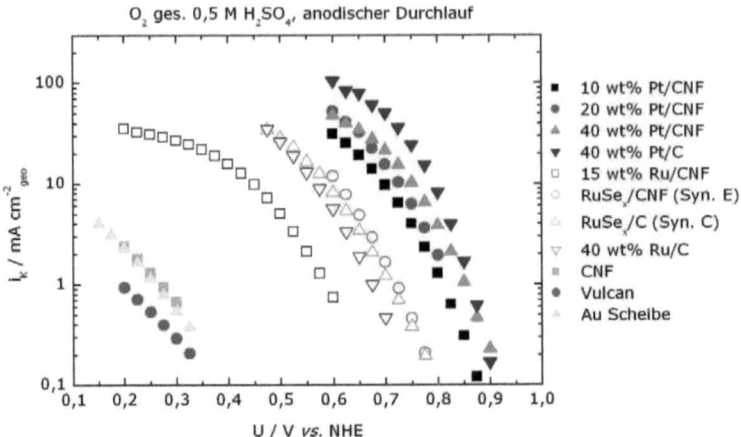

Abbildung 6.30 Vergleich der spezifischen kinetischen Stromdichten i_K (bezogen auf die geometrische Fläche) der Sauerstoffreduktion auf verschiedenen geträgerten Katalysatoren bei Raumtemperatur in O_2 gesättigter 0,5 M H_2SO_4 wie angegeben. Zum Vergleich wurden die Aktivitäten der Trägermaterialien (Vulcan und CNF) sowie jene der Au Scheibe (Substrat) eingezeichnet. Es sind jeweils die Daten aus dem anodischen Durchlauf gezeigt.

Vulcan als auch CNF, beide mit einer Beladung von 133 µg cm^{-2} auf der Au-RRDE, weisen erst unterhalb von Potenzialen von 0,35 V vs. NHE, wie bereits erwähnt, signifikante Aktivitäten in Bezug auf die Sauerstoff-reduktion auf. Die Goldscheibe der RRDE liefert gleichfalls erst unterhalb von ca. 0,35 V vs. NHE Beiträge. Die Tafelsteigung auf Gold im untersuchten Potenzialbereich beträgt −168 mV/dec.

Damit kann ausgeschlossen werden, dass die drei genannten Materialien im Potenzialbereich (ca. 0,9 − 0,5 V vs. NHE), welcher für diese Arbeit relevant ist, die kinetischen Evaluierungen verfälschen. Die elektro-chemischen Aktivitäten im genannten Potenzialbereich sind daher ausschließlich auf die Metallpartikel (Ru oder Pt) zurückzuführen. Aus der Gruppe der Pt-basierten Katalysatoren zeigen die beiden mit der höchsten Metallbeladung (40 wt%) die höchsten spezifischen Aktivitäten. Hierbei ist Pt/C, mit Ausnahme kleinerer Überspannungen (U ≈ 0,9 V vs. NHE), der aktivste Katalysator. Es folgen die Pt-Katalysatoren mit 20 und 10 wt% auf CNF.

Vergleicht man die RuSe$_x$-Katalysatoren, beide mit 26 wt% Ru und 6 wt% Se, so weisen sie eine vergleichbare Aktivität auf, jene des CNF-basierte geringfügig höher. Beide Katalysatoren besitzen jedoch eine um 50 mV geringere Überspannung als ein kommerzieller 40 wt% Ru/C Katalysator.

Ein quantitativer Vergleich der Aktivitäten ist mit dieser Auftragung nicht sinnvoll, da die Katalysatoren unterschiedliche Metallbeladungen besitzen [46]. Ein solcher Vergleich ist jedoch möglich, wenn man die Aktivität auf die Masse des verwendeten Edelmetalls bezieht. Man erhält die massen-spezifischen Aktivitäten der jeweiligen Katalysatoren, welche in Abbildung 6.31 gezeigt sind.

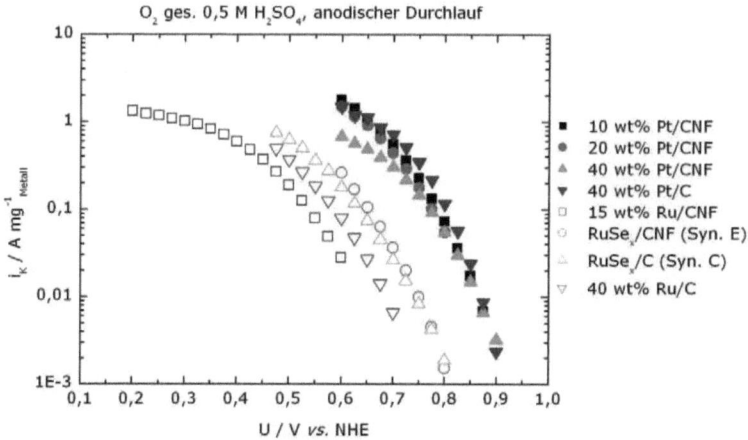

Abbildung 6.31 Vergleich der massenspezifischen, kinetischen Stromdichten i_K der Sauerstoffreduktion auf verschiedenen Katalysatoren wie angegeben bei Raumtemperatur in O$_2$ gesättigter 0,5 M H$_2$SO$_4$. Die offenen Symbole stellen die Ru-basierten Katalysatoren dar, die vollen die Pt-basierten. Es sind jeweils die Daten aus dem anodischen Durchlauf gezeigt.

Der kommerzielle 40 wt% Pt/C Katalysator besitzt auch die höchste massenspezifische Aktivität. Auf den CNF-basierten Platin-Katalysatoren ist die Reihenfolge im Bezug auf die spezifischen Aktivitäten nun invertiert, der Katalysator mit der geringsten Massenbeladung (10 wt%) zeigt hier die höchste Aktivität. Es folgen 20 und 40 wt%. Die Ursache dafür ist in der Agglomeration zu suchen. Eine sinkende Metallbeladung geht mit einer geringer werdenden

Agglomeration einher, wie schon in den TEM Untersuchungen festgestellt wurde. Ähnliche Überlegungen treffen auf die reinen Ruthenium-Katalysatoren zu (15 wt% Ru/CNF und 40 wt% Ru/C). Die massenspezifischen Aktivitäten der RuSe$_x$-Katalysatoren sind circa um einen Faktor 10 geringer als auf Pt. Aus wirtschaftlicher Sicht ist eine hohe Massenaktivität von Vorteil, da der Preis des Katalysators direkt mit der Masse des verwendeten Metalls korreliert.

Eine weitere Möglichkeit die Aktivität der Katalysatoren zu vergleichen besteht darin, ihre Aktivität auf die elektrochemisch aktive Oberfläche (ECA) zu beziehen, d.h. ihre intrinsischen Aktivitäten zu vergleichen. Da sich die Kupfer-Unterpotenzialabscheidung, auf RuSe$_x$ jedoch mit gewissen Unsicherheiten (siehe Kapitel 5), als verlässliche Methode herausgestellt hat, wurden die Aktivitäten auf die mit dieser Methode bestimmten Flächen normiert. Die Ergebnisse sind in Abbildung 6.32 gezeigt.

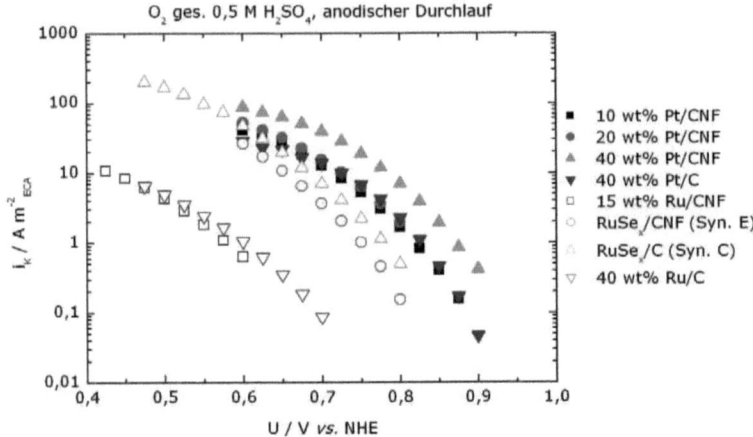

Abbildung 6.32 Vergleich der oberflächenspezifischen, kinetischen Stromdichten i_K der Sauerstoffreduktion auf verschiedenen Katalysatoren wie angegeben bei Raumtemperatur in O_2 gesättigter 0,5 M H_2SO_4. Die offenen Symbole stellen die Ru-basierten Katalysatoren dar, die vollen die Pt-basierten. Die aktiven Oberflächen (ECA) wurden mittels Cu-upd bestimmt, es wurden stets 420 µC cm^{-2} angenommen. Es sind jeweils die Daten aus dem anodischen Durchlauf gezeigt.

Der 40 wt% Ru/C sowie der 15 wt% Ru/CNF-PL besitzen eine vergleichbare oberflächenspezifische Aktivität.

Aus wissenschaftlicher Sicht stellt sich die Frage, ob ein Zusammenhang zwischen der Partikelgröße und der katalytischen Aktivität besteht. Einfache, strukturinsensitive Reaktionen zeigen eine katalytische Aktivität, welche unabhängig von der Partikelgröße ist. Das bedeutet, dass alle Metallatome des Partikels vergleichbare Aktivitäten besitzen.

Struktursensitive Reaktionen jedoch zeigen eine spezifische Aktivität, welche von der Partikelgröße abhängig ist. Der Partikelgrößeneffekt (*particle size effect*) wird zum Beispiel bei der CO-Oxidation auf Platin beobachtet [130].

Ein Maximum der Massenaktivität in sauren Elektrolyten wird auf geträgerten Platinkatalysatoren bei einem mittleren Partikeldurchmesser von ca. 3,5 nm beobachtet [131]. Als Ursache dafür wird der bei dieser Partikelgröße auftretende maximale Anteil der Pt(100) und Pt(111) Facetten auf der Partikeloberfläche aufgeführt.

Eine Schwierigkeit liegt jedoch darin, dass auf geträgerten Katalysatoren die Platinpartikel mit einer gewissen Größenverteilung vorliegen und ein *particle size effect* daraus schwierig abgeleitet werden kann.

Mittlere Partikeldurchmesser aus TEM Untersuchungen liegen, mit Aus-nahme des 10 wt% Pt/CNF, nicht vor. Es wurden daher die Massen-aktivitäten (linke Ordinate) und die oberflächenspezifischen Aktivitäten (rechte Ordinate) in 0,5 M H_2SO_4 als Funktion der elektrochemisch verfügbaren Oberfläche (ECA), welche ein Maß für die Partikelgrößenverteilung, aufgetragen, siehe Abbildung 6.33.

Zwei eindeutige Trends sind erkennbar. Die Massenaktivität nimmt mit größer werdender aktiver Fläche (geringere Metallbeladung) zu, wie vorhin bereits festgestellt wurde.

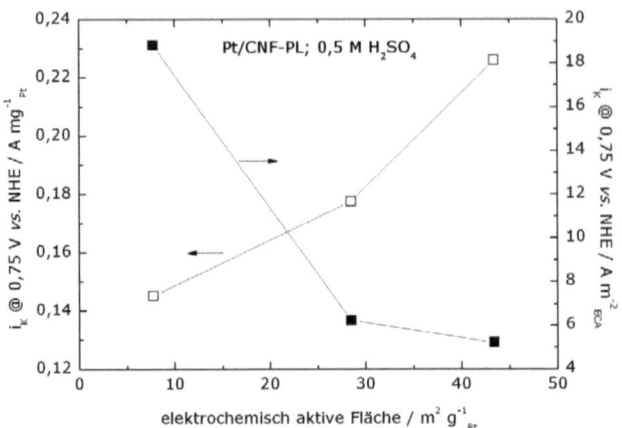

Abbildung 6.33 Massenaktivitäten (linke Ordinate) und oberflächenspezifische Aktivitäten (rechte Ordinate) bei einem Potenzial von 0,75 V vs. NHE in 0,5 M H_2SO_4 als Funktion der spezifischen elektrochemisch verfügbaren Fläche (ECA). Es sind drei Platin/CNF-PL Katalysatoren mit einer Massenbeladung von 10, 20 und 40 wt% (dies entspricht einer aktiven Fläche von 43,4, 28,53 und 7,72 $m^2\ g^{-1}_{Pt}$) gezeigt.

Ursache dafür ist die bereits erwähnte zunehmende Agglomeration. Liegt jedoch eine große elektrochemische Fläche vor (aufgrund hoher Dispersion der Metallpartikel), so kann ein größerer Anteil der Platinatome an den Reaktionen an der Oberfläche teilnehmen [132]. Im Gegensatz dazu beobachtet man eine abnehmende oberflächenspezifische Aktivität mit größer werdender aktiver Fläche (geringere Metallbeladung).

6.4 Berechnung von Geschwindigkeitskonstanten anhand einfacher Modelle der Sauerstoffreduktion

<u>40 wt% Pt/C</u>

Anhand des einfachen Reaktionsschemas (Modell 1, vgl. Abbildung 1.2) wurden für den kommerziellen 40 wt% Pt/C die Geschwindigkeitskonstanten k_1, k_2 und k_3 berechnet. Hierzu wurden entsprechend den Gleichungen (1.15) und (1.16) I_d/I_r

bzw. $I_{dl}/(I_{dl}-I_d)$ gegen $\omega^{-1/2}$ bei verschiedenen Potenzialen gegeneinander aufgetragen, siehe Abbildungen 6.34 und 6.35.

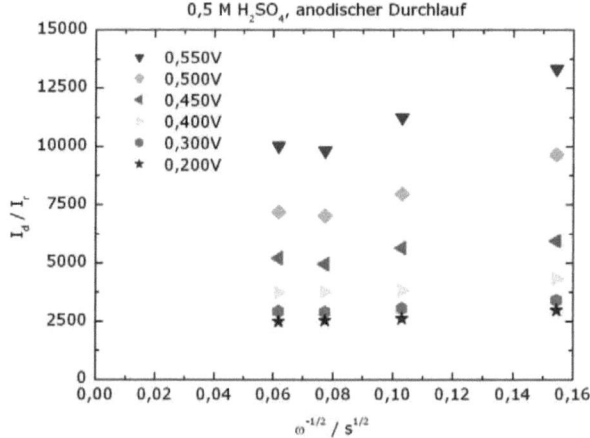

Abbildung 6.34 I_d/I_r als Funktion von $\omega^{-1/2}$ bei verschiedenen Potenzialen U. Die Daten wurden aus dem anodischen Durchlauf aus Abbildung 6.8 erhalten.

In beiden Abbildungen zeigen sich lineare Abhängigkeiten, wie es von den Gleichungen (1.15) und (1.16) gefordert wird. Diese Linearität deutet darauf hin, dass die Geschwindigkeitskonstante k_4 (katalytische Zersetzung von H_2O_2) vernachlässigbar klein ist [70]. Gemäß Gleichung (1.16) sollte der Ordinatenabschnitt potenzial-unabhängig stets den Wert 1 besitzen. Die eingefügte Tabelle in Abbildung 6.35 zeigt die ermittelten Ordinatenabschnitte für den untersuchten Potenzialbereich von 0,7 bis 0,2 V vs. NHE. Es zeigt sich eine gute Übereinstimmung, die Werte liegen, bis auf den Wert bei U = 0,3 V, in akzeptabler Nähe zum Wert 1.
Mittels der Gleichungen [70]

$$k_1 = S_2Z_1 \; I_1N-1 \; / \; I_1N+1$$
$$k_2 = 2S_2Z_1 / \; I_1N+1 \tag{6.10}$$
$$k_3 = S_1Z_2N/ \; I_1N+1$$

lassen sich nun die Geschwindigkeitskonstanten k_1, k_2 und k_3 (jeweils in cm s^{-1}) berechnen. S_1 ist die Steigung der Auftragung I_d/I_r gegen $\omega^{-1/2}$, S_2 jene der Auftragung $I_{dl}/(I_{dl}-I_d)$ gegen $\omega^{-1/2}$. Die Definitionen von Z_1 und Z_2 wurden bereits in Gleichung (1.17) gegeben.

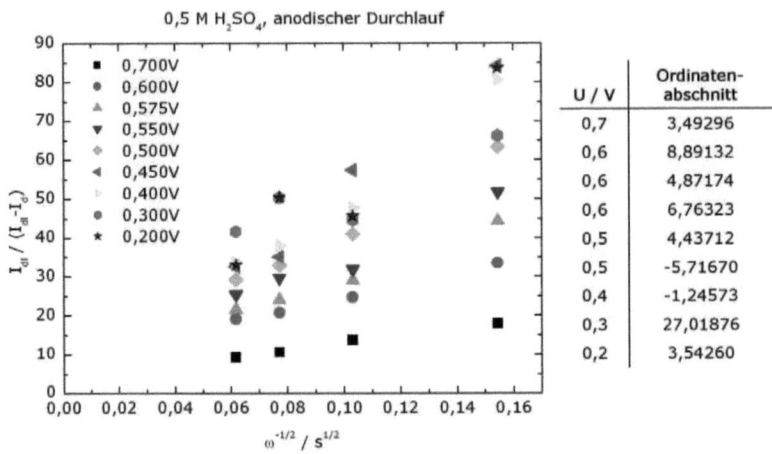

Abbildung 6.35 $I_{dl}/(I_{dl}-I_d)$ als Funktion von $\omega^{-1/2}$ bei verschiedenen Potenzialen U in 0,5 M H$_2$SO$_4$. Die Daten wurden aus dem anodischen Durchlauf aus Abbildung 6.8 erhalten. Die eingefügte Tabelle zeigt den Wert des erhaltenen Ordinatenabschnittes, wenn bei konstantem Potenzial auf $\omega = 0$ linear extrapoliert wurde.

Die berechneten Geschwindigkeitskonstanten sind in Abbildung 6.36 wiedergegeben. k_1 ist um etwa einen Faktor 100 größer als k_2, beide zeigen eine sehr ähnliche Potenzialabhängigkeit.
k_3 ist im Bereich 0,2 bis etwa 0,4 V vs. NHE potenzialunabhängig und steigt ab Potenzialen von etwa 0,5 V vs. NHE an. Ab diesem Potenzial ist k_3 größer als k_2. Dies deutet darauf hin, dass das gebildete H$_2$O$_2$ sehr rasch zu H$_2$O reduziert wird. Dieses Ergebnis wird durch die Analyse der Ringströme (Abb. 6.10) bestätigt.

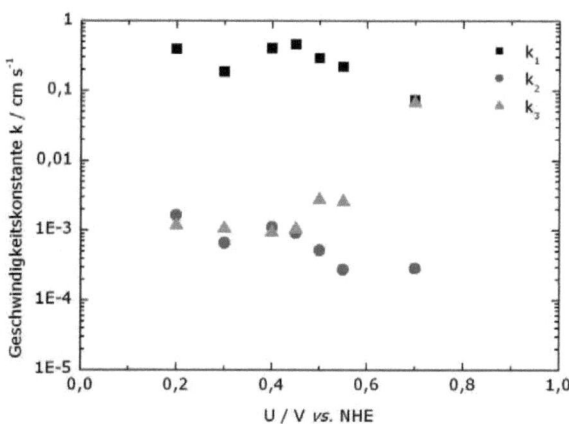

Abbildung 6.36 Geschwindigkeitskonstanten k_1, k_2 und k_3 als Funktion des Potentials auf einem kommerziellen 40 wt% Pt/C in O_2 gesättigter 0,5 M H_2SO_4.

Synthese E: Ru(26 wt%)Se(6 wt%)/CNF-PL

Für den RuSe$_x$/CNF-PL Katalysator (Synthese E) wurden ebenfalls anhand des einfachen Reaktionsschemas (Modell 1, vgl. Abbildung 1.2) die Geschwindigkeitskonstanten k_1, k_2 und k_3 in 0,5 M H_2SO_4 berechnet. Hierzu wurden entsprechend den Gleichungen (1.15) und (1.16) I_d/I_r bzw. $I_{dl}/(I_{dl}-I_d)$ gegen $\omega^{-1/2}$ die Daten aus dem anodischen Durchlauf (Abbildung 6.27) bei verschiedenen Potenzialen gegeneinander aufgetragen, siehe Abbildungen 6.37 und 6.38.

In beiden Abbildungen zeigen sich auch hier lineare Abhängigkeiten, wie es von den Gleichungen (1.15) und (1.16) gefordert wurde. Dies bedeutet, wie bereits erwähnt, dass die katalytische Zersetzung von H_2O_2 (k_4) vernachlässigbar ist. Die eingefügte Tabelle in Abbildung 6.38 zeigt die ermittelten Ordinatenabschnitte für den untersuchten Potenzialbereich von 0,7 bis 0,2 V vs. NHE. Es zeigt sich vor allem im Bereich 0,7 bis 0,5 V eine sehr gute Übereinstimmung, die Werte liegen nahe am geforderten Wert 1.

Die gute Übereinstimmung der experimentellen Daten mit Modell 1 (vgl. Abbildung 1.2) erlaubt nun die Berechnung der Geschwindigkeits-konstanten, siehe Abbildung

6.39. Die Berechnung wurde wie zuvor auf Pt/C mittels Gleichung (6.10) vorgenommen.

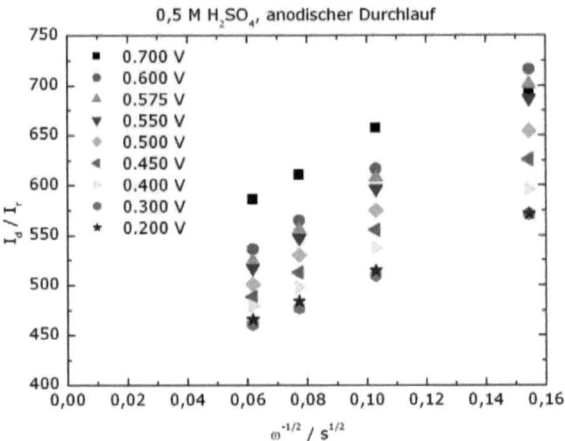

Abbildung 6.37 I_d/I_r als Funktion von $\omega^{-1/2}$ bei verschiedenen Potenzialen U. Die Daten wurden aus dem anodischen Durchlauf aus Abbildung 6.27 erhalten.

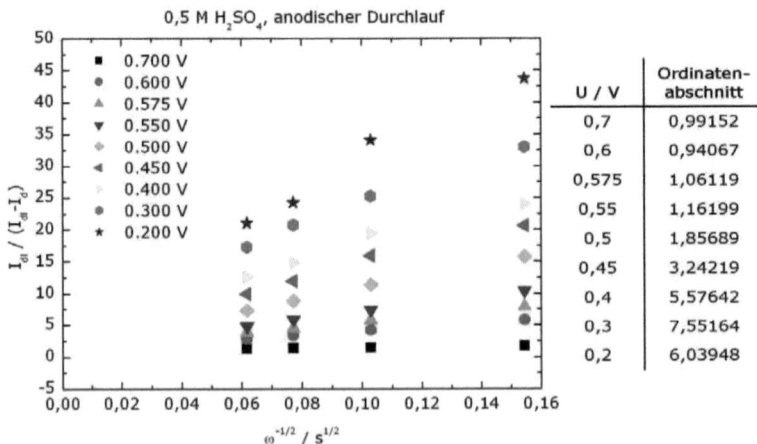

Abbildung 6.38 $I_{dl}/(I_{dl}-I_d)$ als Funktion von $\omega^{-1/2}$ bei verschiedenen Potenzialen U in 0,5 M H$_2$SO$_4$. Die Daten wurden aus dem anodischen Durchlauf aus Abbildung 6.27 erhalten. Die eingefügte Tabelle zeigt den Wert des erhaltenen Ordinatenabschnittes, wenn bei konstantem Potenzial auf $\omega = 0$ linear extrapoliert wurde.

k_1 und k_2 zeigen dieselbe Potenzialabhängigkeit, während k_3 nahezu unabhängig vom Potenzial ist. Dies ist im Unterschied zu Pt/C, wo k_3 oberhalb von etwa 0,5 V eine starke Potenzialabhängigkeit zeigt. In Abbildung 6.40 ist das Verhältnis k_1/k_2 als Funktion des Potenzials gezeigt, es ergibt sich ein konstanter, nahezu potenzialunabhängiger Wert von circa 45. Das erklärt auch die Tatsache, dass im gesamten untersuchten Potenzialbereich die die H_2O_2-Bildungsrate konstant ist (siehe Abbildung 6.29). Dies bedeutet, dass die direkte Reduktion von O_2 zu Wasser knapp 50-mal schneller abläuft als die 2-Elektronen Reduktion zu H_2O_2.

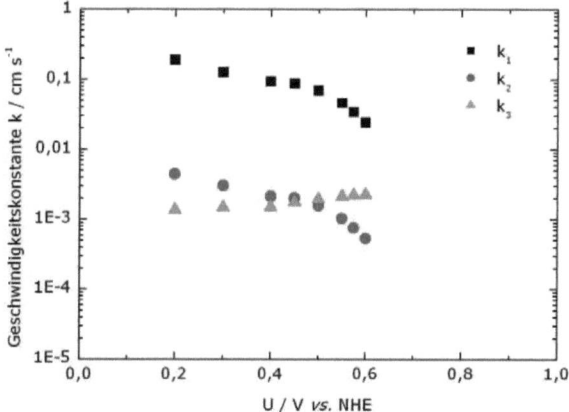

Abbildung 6.39 Geschwindigkeitskonstanten k_1, k_2 und k_3 als Funktion des Potentials auf einem $RuSe_x$/CNF-PL Katalysator (Synthese E) in O_2 gesättigter 0,5 M H_2SO_4.

Die direkte Reduktion ist damit der Hauptreaktionsweg. Im Vergleich zu den Ergebnissen der Arbeit von Alonso-Vante et al. [79] (ungeträgerter $(Ru_{1-x}Mo_x)_ySeO_z$ Katalysator mit $0,02 < x < 0,04$, $1 < y < 3$, $z \approx 2y$) in 0,5 M H_2SO_4, ergeben sich folgende Unterschiede.

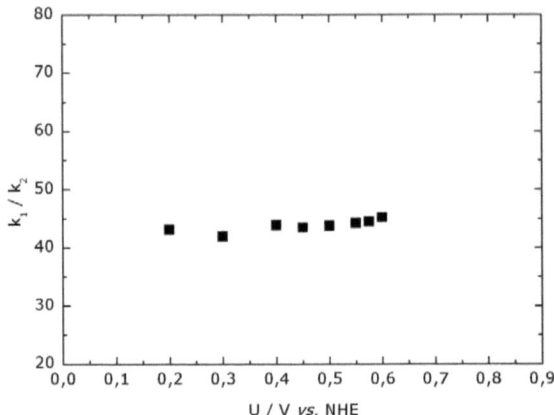

Abbildung 6.40 Verhältnis der Geschwindigkeitskonstanten k_1/k_2 (aus Abbildung 6.39) als Funktion des Potenzials.

Auf RuSe$_x$/CNF-PL liegen die Werte sowohl für k_1 als auch k_3 um einen Faktor 10 höher, für k_2 etwa einen Faktor 2 bis 3. k_3 ist auf beiden Katalysatoren nahezu unabhängig vom Potenzial. RuSe$_x$ ist also im Vergleich zu $(Ru_{1-x}Mo_x)_ySeO_z$ ein wesentlich selektiverer Katalysator. Möglichweise führt der geringe Zusatz an Molybdän, welches als Ad-sorptionsstelle für molekularen Sauerstoff dienen soll, zu einer Änderung des Reaktionsmechanismus und somit zu einer Erniedrigung der Aktivität.

7 Diskussion

In den vorangegangenen Kapiteln wurden die Methoden und die jeweiligen Ergebnisse präsentiert. In diesem Abschnitt soll nun jedes Kapitel für sich diskutiert werden und ein Bezug zu Ergebnissen aus der Literatur geschaffen werden.

7.1 Synthesen und strukturelle Charakterisierung der verwendeten Katalysatoren

Im Rahmen dieser Arbeit wurden verschiedene $RuSe_x$-Synthesen durchgeführt. Es wurden dabei unterschiedliche Kohlenstoff-Trägermaterialien, unterschiedliche Syntheserouten und variierende Verhältnisse Ruthenium/Selen angewandt, um verschiedene $RuSe_x$-Strukturen zu realisieren, welche dann die Elektrokatalyse unterschiedlich beeinflussen. Ein weiteres Ziel dieser Arbeit war es eine hohe Dispersion von $RuSe_x$ Partikeln auf dem Kohlenstoff-Trägermaterial zu erhalten. Diese Ziele konnten überwiegend erreicht werden. Entscheidend für die Synthesen waren zwei Parameter. Für eine hohe Dispersion war die Wasserfreiheit der verwendeten Lösungsmittel ausschlaggebend. Andernfalls kam es ausschließlich zu beträchtlichen Agglomerationen. Ein sauerstofffreies System ist ebenfalls Voraussetzung, da ansonsten Ruthenium während der Synthese oxidieren könnte, siehe weiter unten.
Ein Einfluss des Lösungsmittels (o-Xylen, 1,2-Dichlorbenzen) auf Partikelgröße und Partikelzusammensetzung konnte gefunden werden. Dichlorbenzen hat sich hier aufgrund der Bildung von $RuSe_2$-Mikrokristalliten als nachteilig erwiesen. Dies ist wahrscheinlich auf die hohe Siedetemperatur des Lösungsmittels zurückzuführen, welche die Bildung von $RuSe_2$ begünstigt. $RuSe_2$ ist thermodynamisch das einzig stabile Selenid im Phasendiagramm Ruthenium-Selen und nimmt eine kubische Pyritstruktur (FeS_2) an [52]. $RuSe_2$ weist, wie bereits erwähnt, keine Aktivität in Hinblick auf die Sauerstoffreduktion auf [126]. Aus diesem Grund wurde fortan o-Xylen als Lösungsmittel verwendet, Agglomerationen konnten hierbei jedoch auch nicht vollständig unterbunden werden. Das Se 3d Signal der XPS Messung eines $RuSe_x$/C Katalysators (Synthese B), welcher in o-Xylen synthetisiert wurde

(Synthese B), kann elementarem Selen als auch einem Selenid (RuSe$_2$) zugeordnet werden. Möglicherweise entstehen auch bei Synthesen in o-Xylen in geringem Umfang RuSe$_2$-Verbindungen. Hinweise auf RuSe$_2$-Mikrokristallite wie in Synthese A (1,2-Dichlorbenzen) wurden mittels TEM jedoch nicht gefunden.

Die weiteren XPS Ergebnisse des RuSe$_x$/Vulcan Katalysator (Synthese B) deuten sowohl auf oxidiertes Ruthenium (RuO$_2$) als auch auf Selen in einer höheren Oxidationsstufe wie SeO$_2$ oder SeO$_3^{2-}$ hin [107, 126]. Dies ist im Einklang mit TPR Messungen, in welchen die Anwesenheit von zwei Oxiden nachgewiesen wurde. Ausgangspunkt aller Synthesen war die Carbonyl-verbindung Ru$_3$(CO)$_{12}$, in welcher Ruthenium reduziert vorliegt. Offen-sichtlich wurde ein Teil des Rutheniums bereits während der Synthese oxidiert.

Eine Verbesserung der Synthese hinsichtlich Dispersion wurde durch den Einsatz von Mikromischern erwartet. Diese Möglichkeit der Durchmischung wurde in der Literatur, nach bestem Wissen, bisher nicht für die Synthese von RuSe$_x$-Katalysatoren angewandt. Es sollte dadurch eine rasche und homogene Durchmischung der Selen-Lösung mit dem in der Hitze rasch zerfallenden Rutheniumcarbonyl gewährleistet werden. Dieses Ziel konnte nicht erreicht werden. Wahrscheinlich wurde aufgrund der hohen Innendrücke im Mischer das Trägermaterial zu stark komprimiert um eine definierte Partikelabscheidung zu ermöglichen. Die Aktivität war im Vergleich zu einer vergleichbaren Synthese (Synthese C) ohne Mikromischer um einen Faktor drei bis vier geringer. Dennoch erscheinen Mikromischer aufgrund ihrer raschen und homogenen Mischung von fluiden Phasen als aussichtsreiche Möglichkeit für zukünftige Synthesen.

Um den Einfluss des Trägermaterials zu studieren, wurden im Rahmen dieser Arbeit vom Standard-Trägermaterial Vulcan XC72R auf das innovative Trägermaterial Carbon-Nanofasern CNF-PL (Platelet-Struktur) gewechselt. Dazu wurden insbesondere identische RuSe$_x$-Synthesen mit demselben Einwaageverhältnis Ru:Se auf CNF-PL (Synthese E) sowie auf Vulcan XC72R (Synthese C) durchgeführt. Hier ergibt sich jedoch bei identischen Massenbeladungen das Problem, dass die CNF-PL Materialien lediglich eine halb so große BET Oberfläche pro Gramm wie Vulcan aufweisen. Folglich konnten eine höhere Agglomeration bzw. größere Partikel auf CNF-PL erwartet werden, was auch aus den TEM Aufnahmen ersichtlich ist. Eine verlässliche Analyse der Partikelgrößen war wie bereits erwähnt nicht möglich. Der strukturelle Einfluss des Trägermaterials konnte insoweit nicht vollständig befriedigend geklärt werden. Eine mögliche Abhilfe wäre, auf den CNF-PL Materialien mit einer um den Faktor zwei geringeren Massenbeladung zu arbeiten.

Generell sollten die CNF-PL Fasern positive Auswirkungen auf die Aktivitäten der Katalysatoren in Bezug auf die Sauerstoffreduktion besitzen, was sich im Falle von Platin in der höheren oberflächenspezifischen Aktivität des 40 wt% Pt/CNF-PL im Vergleich zu 40 wt% Pt/Vulcan niedergeschlagen hat. Als Gründe sind die höhere Reinheit der Fasern und die etwa 500-fache höhere elektrische Leitfähigkeit aufzuführen. Weitere Gründe sind eine unterschiedliche Morphologie der Oberfläche (Ränder der Graphenebenen dominierend) und wahrscheinlich eine geeignetere kristallografische Orientierung der Platinpartikel.

Auf den Nanofasern ist aus den TEM Untersuchungen grundsätzlich der Trend festzustellen, dass auf „breiteren" Fasern ($\approx$100 nm Durchmesser) größere Pt-Partikel mit 3 – 5 nm Durchmesser, auf schmäleren Fasern (50 nm Breite) jedoch Partikel mit 1 – 2 nm Durchmesser zu finden sind. Möglicherweise liegt hier eine Abhängigkeit der Morphologie des Materials von dessen Durchmesser vor.

7.2 Bestimmungen der aktiven Oberflächen von Katalysatoren

Die Bestimmung der aktiven Oberflächen von Katalysatoren ist eine der wesentlichsten Punkte dieser Arbeit. Die genaue Bestimmung der Größe dieser Oberflächen ist essentiell, um intrinsische Eigenschaften vergleichen zu können. In dieser Arbeit wurden drei *in-situ* Methoden (H-upd, Cu-upd und *CO Stripping*) zur Bestimmung der elektrochemisch aktiven Oberfläche angewandt.

Die Problematik einer genauen Oberflächenbestimmung liegt darin, dass jede Methode mit bestimmten Annahmen, Voraussetzungen und Einschränkungen einhergeht. Somit steht man grundsätzlich vor dem Problem, dass die Methoden zu unterschiedlichen Ergebnissen am selben Katalysator führen können. Bei der H-upd Methode wird beispielsweise angenommen, dass bei einem Potenzial 0,05 V *vs. NHE* der Bedeckungsgrad θ_H = 0,77 beträgt (siehe auch Gleichung 5.2). Die

Bestimmung des Endpunktes der Wasserstoff-Adsorption ist ebenso kritisch, da seine Position von den Messbedingungen, wie z.B. der Partialdruck von H_2 im Elektrolyten, abhängt. Das Ladungsäquivalent von 210 µC cm^{-2} zur Berechnung der aktiven Fläche ist zudem nur ein durchschnittlicher Wert für polykristallines Platin, welcher von den Werten für Pt-Einkristallflächen abweicht. Für eine genaue Bestimmung müssten also die jeweiligen Anteile der elektrochemisch aktiven Pt-Kristallflächen bekannt sein. Zudem kann es nur zu einem partiellen Ladungstransfer kommen. Die Korrektur für die Ladung Q_{dl} der Doppelschicht ist aufgrund der folgenden Annahme mit Unsicherheiten behaftet. In dieser Arbeit, wie auch generell in der Literatur üblich, wird angenommen, dass die Doppelschichtkapazität und somit auch der kapazitive Strom I_{dl} im Wasserstoffbereich derselbe ist wie im Doppelschichtbereich. Dies führt insbesondere bei Katalysatoren mit kleiner Platinbeladung zu Schwierigkeiten, i.e. 5 wt% Pt/C. Trotz aller technischen Möglichkeiten wie einer Erhöhung der Vorschubgeschwindigkeit ist das Verhältnis des Adsorptions-/Desorptionsstroms zum Hintergrundstrom deutlich kleiner Eins. Auch der Einfluss von Ionen auf die Wasserstoff-Adsorption ist zu berücksichtigen. Die Verlässlichkeit dieser Methode hängt somit von der Sauberkeit der Elektrode sowie des Elektrolyten ab. Ersteres ist im vorliegenden Fall nicht vollständig gegeben, da insbesondere der poröse Kohlenstoff-Träger Spuren von Schwefel und anderen (Fremd-)Ionen enthalten kann. Aus diesem Grund wurden die Elektroden wie in Kapitel 2 beschrieben vor den eigentlichen Messungen elektrochemisch „gereinigt".

Bei der Kupfer-Unterpotenzialabscheidung ist sowohl die Korrektur der Doppelschichtladung als auch die Bestimmung des Endpunktes für die upd-Metall Adsorption mit Unsicherheiten behaftet. Um diese Unsicherheiten zu minimieren, wurden die Desorptionsladungen für Kupfer aus der Subtraktion der Hintergrund-Voltammogramme von den Desorptionskurven berechnet. Jedoch kann die Oberflächenverteilung der adsorbierenden Spezies als auch das Adsorptionsverhältnis Substrat:adsorbierende Spezies nicht genau bekannt sein. Bei Letzterem wird angenommen, dass aufgrund ähnlicher Atomradien von Pt bzw. Ru und Cu eine 1:1 Adsorption vorliegt. Kritisch ist allerdings der Umstand zu betrachten, dass Adsorptionsatome zusätzlich auf Korngrenzen der polykristallinen

Partikeln abgeschieden werden können. Ebenso kritisch ist die Ladungsdichte zu betrachten, insbesondere auf RuSe$_x$. Aufgrund der Bildung von Cu$_x$Se reflektiert eine Ladungsdichte von 420 µC cm^{-2} nicht die wahre Oberfläche. Die Kalibrationskurve von T. Nagel et al. erscheint als viel versprechender Ansatz [111]. Dass sich jedoch mehr als ein Monolayer an Kupfer abgeschieden hat, kann experimentell durch längere Abscheidungszeiten nachgewiesen werden (vgl. Abbildung 5.8).

Als Basis und für Referenzzwecke wurden in dieser Arbeit vier kommerzielle Pt/Vulcan Katalysatoren verwendet. Auf diesen Katalysatoren zeigte sich eine sehr gute Übereinstimmung der Standardmethode (H-upd) mit der Kupfer-Unterpotenzialabscheidung (Cu-upd), was die Verlässlichkeit und Aussagekraft der letzteren Methode unterstreicht. Dies ist von besonderer Bedeutung, da die Cu-upd Methode als einzige *in-situ* Methode auf alle untersuchten Katalysatoren (Pt, Ru und RuSe$_x$) angewandt werden konnte.

Die *CO Stripping* Methode beinhaltet zu viele Unsicherheiten für eine verlässliche Oberflächenbestimmung. Hierzu zählen die korrekten Integrationsgrenzen, die Berechnung der aktiven Fläche aus der faradayschen Oxidationsladung sowie das Ausmaß der Oberflächenbedeckung mit CO. Insbesondere durch adsorbierte Anionen und Oxidspezies verursachte pseudokapazitive Ladungen können auf Platin bis zu 20 % der Oxidationsladung ausmachen. Diese Methode wurde aus den oben dargelegten Gründen nicht weiter verfolgt. Ein Vorteil dieser Methode ist aber, dass sie auf Pt rasch einen qualitativen Überblick über eventuell vorhandene Agglomerate liefert. Damit können auch Alterungserscheinungen von Pt/C Katalysatoren verfolgt werden, wie in der Arbeit von Guilminot et al. [41] gezeigt wurde.

Der Vergleich der *in-situ* Methoden mit der *ex-situ* Methode TEM (*Advanced image processing*) führte auf einem Pt/Vulcan Katalysator mit niedriger Massenbeladung (10 wt%) zu einer sehr guten Übereinstimmung. Eine höhere Massenbeladung mit Edelmetall vergrößert sowohl Partikelgrößen als auch die Agglomeration auf dem Trägermaterial. Dies stellte jedoch eine Hürde für eine verlässliche Auswertung mittels TEM dar, da die Partikel nicht mehr genau voneinander getrennt werden können. Zudem werden im TEM alle Partikel erfasst, selbst wenn sie nicht elektrochemisch aktiv sind.

Mittels XRD erhält man aus den Breiten der Reflexe (Scherrer Gleichung) einen einzigen mittleren Partikeldurchmesser über die gesamte Probe. Im Unterschied zu TEM erhält man somit keine aussagekräftige Partikelgrößenverteilung. Verlässliche und statistisch relevante Aussagen über geometrische Oberflächen sind in der Meinung des Autors daher nur über TEM Untersuchungen zu erhalten. Ein interessanter Aspekt eröffnet sich mittels EDX Analysen in HAADF-STEM Messungen (siehe Abbildung 4.4), welche die Möglichkeit bieten, die Zusammensetzung einzelner Partikel zu bestimmen. Eine solche systematische Charakterisierung könnte einen Überblick über die wahre Verteilung von Partikelzusammensetzung liefern. Eine solche Einzelcharakterisierung ist jedoch zeitintensiv. Allerdings könnte damit die wichtige Frage beantwortet werden, welche Ru:Se Zusammensetzung die elektrochemisch höchste Aktivität zeigt.

7.3 Elektrochemische Aktivitäten von Katalysatoren für die kathodische Sauerstoffreduktion in Brennstoffzellen

Auf massiven, polykristallinen Elektroden betragen die Austausch-stromdichten i_0 in 0,5 M H_2SO_4 ca. 10^{-9} A cm^{-2} für Platin und 10^{-12} A cm^{-2} für Ruthenium [133]. In dieser Arbeit wurden für RuSe$_x$ Werte von 10^{-12} – 10^{-13} A cm^{-2} gefunden. Alle Werte sind auf die geometrische Oberfläche bezogen. Die Austauschstromdichten auf RuSe$_x$ besitzen eine ähnliche Größenordnung wie Ruthenium, sind jedoch etwa um einen Faktor 1000 geringer als auf Pt.

Signifikante Beiträge der beiden Trägermaterialien zur H_2O_2-Bildung treten erst, wie die Analysen der Ringströme zeigten, unterhalb von etwa 0,4 V vs. NHE auf. Das so gebildete H_2O_2 kann anschließend auf Kataly-satorpartikel weiter zu H_2O reduziert werden.

Auf allen untersuchten Katalysatoren wurde das Nernstpotenzial von 1,229 V vs. NHE nicht erreicht. Begründet werden kann dies in allen Fällen mit der Ausbildung eines Mischpotenzials, welches durch anodische Teilströme (jedoch nicht die

Oxidation von Wasser zu O_2) verursacht wird. Für Platin wurde dies bereits in der Einleitung diskutiert.

Das Ruhepotenzial der Ru-Katalysatoren liegt bei etwa 0,85 V *vs.* NHE. Den anodischen Beitrag liefert die Oxidation von Ruthenium zu e.g. RuO, RuOOH, $Ru(OH)_2$.

Das Ruhepotenzial aller $RuSe_x$-Katalysatoren, sowohl in 0,5 M $HClO_4$ als auch in 0,5 M H_2SO_4, liegt im Bereich von 0,84 – 0,88 V *vs.* NHE, also weit negativer als das Nernstpotenzial von 1,229 V vs. NHE des O_2/H_2O Redoxpaares. Ähnlich wie auf Pt und Ru kann dies durch ein Mischpotenzial erklärt werden. Die anodische Reaktion ist die Oxidation von Selen. Selen tritt in mehreren Oxidationsstufen auf, e.g. –II, 0, +IV. Die Redox-reaktionen [30]

$H_2SeO_3 + 4H^+ + 4e^-$ $Se + 3H_2O$ $U_0 = 0{,}740$ V *vs.* NHE   (7.1)

bzw. [134]

$SeO_3^{2-} + 6H^+ + 4e^-$ $Se + 3H_2O$ $U_0 = 0{,}903$ V *vs.* NHE   (7.2)

sind daher in Betracht zu ziehen. In zyklischen Voltammogrammen oxidiert Selen auf $RuSe_x$-Katalysatoren ab etwa 0,85 V *vs.* NHE von der Oberfläche und geht in Lösung [29], vermutlich gemäß Gleichung (7.1) oder (7.2).

Von besonderer Bedeutung in der Elektrochemie sind grundsätzlich die Geschwindigkeitskonstanten. In dieser Arbeit wurden auf $RuSe_x/CNF$-PL erstmals Geschwindigkeitskonstanten für die Sauerstoffreduktion anhand eines einfachen Modells berechnet und mit jenen eines kommerziellen Pt/C Katalysators verglichen. Sowohl die Konstante k_1 als auch k_2 sind etwa um einen Faktor 4 auf Pt/C größer. Des Weiteren zeigte sich eine Abhängigkeit der (potenzialabhängigen) H_2O_2 Bildung vom Selengehalt auf $RuSe_x$-Katalysatoren. Dies kann mit der zunehmenden Bedeckung von aktiven (Ru-)Plätzen und der damit verbundenen bevorzugten endständigen Koordination erklärt werden.

Das einfache Reaktionsschema (vgl. Abbildung 1.2) ist jedoch kritisch zu betrachten. Aus molekularer Betrachtungsweise ist ein direkter 4-Elektronen

Reaktionsweg von O_2 zu H_2O schwierig. Ein „zweifacher" 2-Elektronen Reaktionsweg, d.h. von O_2 zu H_2O_2 (Geschwindigkeits-konstante k_2) und anschließend von H_2O_2 zu H_2O (Konstante k_3), entspricht formal dem 4-Elektronen Reaktionsweg. Wenn nun das Verhältnis $k_3/k_2 \gg 1$ ist, wird das adsorbierte H_2O_2 sofort weiterreduziert zu H_2O, insbesondere bei hohen Überspannungen. Somit wird sowohl im Fall einer direkten 4-Elektronen Reduktion, als auch im Fall einer raschen zweifachen 2-Elektronen Reduktion am Ring kein H_2O_2 mehr detektiert. Dies bedeutet, dass die beiden Teilschritte messtechnisch mittels RRDE nicht mehr als Teilschritte unterscheidbar sind, sondern als ein einzelner Schritt erscheinen.

Kritisch ist auch das Abflachen der kinetischen Ströme i_K mit zunehmenden Überspannungen in der Tafel Auftragung zu sehen, vgl. beispielsweise Abbildung 6.25. Eine Limitierung durch Massentransport kann ausgeschlossen werden, da die extrahierten kinetischen Ströme unabhängig von der Umdrehungsgeschwindigkeit sind. Das Abflachen der kinetischen Ströme i_K kann jedoch durch eine chemische Reaktion verursacht werden, welche den geschwindigkeitsbestimmenden Schritt darstellt. Dies könnte zum Beispiel die Dissoziation von O_2 auf der Katalysatoroberfläche sein [72]. Ein weiterer Grund könnte in der Auswertung der Koutecky-Levich Diagramme liegen. Bei hohen Überspannungen wird bei Extrapolation auf $1/\omega^{1/2} \rightarrow 0$ der Ordinatenabschnitt $1/i_K$ sehr klein, d.h. er nähert sich dem Wert 0. Fehler in der Auswertung können somit eine signifikante Rolle spielen.

Die Methode der rotierenden Ring-Scheiben- Elektrode scheint insbesondere bei hohen Überspannungen an ihre messtechnische Grenze zu stoßen.

Die Änderung der Tafelsteigung auf $RuSe_x$ als Funktion des Potenzials könnte ähnlich wie auf Platin aufgrund unterschiedlicher Adsorptionsbedingungen (Temkin bzw. Langmuir) erklärt werden.

Ein Partikelgrößeneffekt auf Pt/CNF-PL konnte festgestellt werden. Vergleiche mit der Literatur können nur bedingt angestellt werden, da aufgrund der Agglomerationen keine umfassenden Verteilungen der Par-tikelgrößen verfügbar ist. Nimmt man den mittels XRD ermittelten Durchmesser so ergibt sich folgende Situation. Wie in der Literatur bekannt, steigt die Massenaktivität mit kleiner werdenden Partikeln kontinuierlich an und erreicht ein Maximum bei einem Platin-

Partikeldurchmesser um 3,5 nm [103]. Die untersuchten Pt/CNF-PL Katalysatoren besitzen gemäß XRD (siehe Tabelle 4.1) Durchmesser von 7 – ca. 9 nm (entsprechend 10 wt% - 40 wt%). Damit liegen die Katalysatoren noch weit ab vom Maximum, der Trend (höhere Aktivität mit geringerer Partikelgröße) konnte jedoch mit diesen Katalysatoren bestätigt werden.

Ebenso konnte der Trend der oberflächenspezifischen Aktivität (höhere Aktivität mit steigender Partikelgröße [103]) auf Pt/CNF-PL in 0,5 M H_2SO_4 bestätigt werden.

Es stellt sich nun die Frage ob für $RuSe_x$ (und auch Ru) ebenfalls ein *particle size effect* besteht, oder ob die Aktivität eine alleinige Funktion der (Oberflächen-) Zusammensetzung der Partikel ist.

Die Normierung der Aktivitäten auf die elektrochemisch verfügbare Fläche beruht jedoch auf der Annahme, dass die aktiven Plätze für Cu-upd auch die aktiven Plätze für die Sauerstoffreduktion sind, was nicht notwendigerweise der Fall sein muss [28].

Zusammenfassend kristallisiert sich aus der zitierten Literatur und eigenen Ergebnissen folgendes Bild für $RuSe_x$ heraus: Bei einem hohen Stoffmengenverhältnis (Ru:Se = 1) besitzen die Partikel einen Rutheniumkern in hexagonaler Kristallstruktur, dessen „Hülle" eine $RuSe_x$-Schicht ist [52]. Die aktiven Plätze sind Rutheniumatome, auf welchen der molekulare Sauerstoff adsorbiert [77]. Die Hülle muss jedoch dünn genug sein und darf den Zugang von O_2 zu den Rutheniumzentren nicht blockieren.

Selen verhindert die Oxidation von Ruthenium. Dadurch stehen einerseits bis zu Potenzialen von etwa 0,85 V *vs.* NHE freie Ru-Plätze für die Sauerstoffreduktion zur Verfügung, im Gegensatz zu reinem Ruthenium [126]. Andererseits verursacht die Bindung des (elektronegativeren) Selens an das (elektropositivere) Ruthenium, wie bereits erwähnt, einen Ladungstransfer von Ru zu Se [55]. Dies beeinflusst die elektronischen Eigenschaften des Rutheniums und damit die Wechselwirkung zwischen Ru und O_2. Es scheint, dass der Selen-Gehalt soweit gesenkt werden kann (höchste Aktivität bei einem Verhältnis Ru:Se ≈ 3,3:1 [52]), sodass (i) nur ein minimaler Anteil der Oberfläche mit Selen besetzt ist und (ii) damit eine maximale Anzahl aktiver Ru-Plätze verfügbar ist. Beides führt dazu, dass für die Adsorption und Dissoziation eine möglichst hohe Anzahl (benachbarter) aktiver Plätze verfügbar ist, welche für die 2-fache Koordination (und damit die direkte 4-Elektronen-Reduktion) notwendig ist. Ein höherer Selen-Gehalt führt zu einer „Einkapselung" der Ruthenium-Partikel in einer $RuSe_x$-Schale und somit zu einer verminderten Aktivität [52].

Die Schwierigkeit, dass Selen ab etwa 0,85 V *vs.* NHE von der Oberfläche oxidiert wird, stellt für $RuSe_x$ eine Art „thermodynamische Barriere" dar. Nichtsdestotrotz ist $RuSe_x$ eine interessante Alternative zu Platin. Eine Erhöhung der Aktivität könnte man sich durch die Substitution von Selen durch oxidationsstabilere Elemente vorstellen. Diese sollten, ähnlich wie Selen, die Oberfläche des aktiven Materials vor der Oxidation schützen.

Es sollte aber festgehalten werden, dass die Messungen auf Modell-elektroden (RRDE) in einem Elektrolyten nicht unbedingt die Bedingungen in einer Brennstoffzelle (Polymerelektrolyt, Teflonanteil) widerspiegeln. Es kann jedoch die RRDE Methodik zur Bestimmung der intrinsischen Aktivitäten von Katalysatoren verwendet werden.

8 Zusammenfassung

Ausgehend von früheren Ergebnissen [56] war es ein Ziel, durch Optimierung der Synthese und Variation der Trägermaterialien die Dispersion von $RuSe_x$-Nanopartikel zu erhöhen. Ein weiteres Ziel bestand darin, mithilfe unterschiedlicher Synthesen verschiedenen Strukturen von Partikeln auf dem Kohlenstoff-Träger zu realisieren, welche dann die Elektrokatalyse unterschiedlich beeinflussen.

Das Erreichen einer höheren Dispersion ist bis zu einem gewissen Grad auf Vulcan und Nanofasern gelungen. Agglomerationen konnten zwar nicht vollständig unterdrückt, aber in hohem Maße verringert werden. In diesem Punkt besteht weiter Optimierungsbedarf.

Neben der Optimierung der Synthese stand die elektrochemische Charakterisierung der Katalysatoren im Hinblick auf die elektrochemisch aktive Oberfläche, sowie deren Aktivität für die Sauerstoffreduktion im Mittelpunkt.

Die Bestimmung der aktiven Katalysatoroberfläche mittels Cu-upd konnte als verlässliche und aussagekräftige Methode für reine Pt und Ru Katalysatoren verifiziert werden. Ein dafür geeignetes Abscheidepotenzial sowie eine Abscheidungszeit für alle Katalysatoren wurden experimentell verifiziert. Bei $RuSe_x$ Katalysatoren ist allerdings die Bildung von Kupferseleniden zu berücksichtigen.

Die Ausbildung eines Mischpotenzials kann als Erklärung für die, zu negativen Potenzialen, verschobenen Ruhepotenziale auf allen Katalysatoren vorgebracht werden. Aufgrund thermodynamischer Ursachen besitzen $RuSe_x$-Katalysatoren in sauren Elektrolyten eine etwa 120 mV höhere Überspannung als Platin. Ausgehend vom Ruhepotenzial sind die oberflächenspezifischen Aktivitäten auf $RuSe_x$ geringer als auf Pt. Unterhalb von 0,6 V vs. NHE weisen sie jedoch vergleichbare Aktivitäten auf. Die massenspezifischen Aktivitäten der $RuSe_x$-Katalysatoren sind circa um einen Faktor 10 geringer als auf Pt.

Die rotierende Ring Scheibe Elektrode (RRDE) wurde angewandt, um Geschwindigkeitskonstanten der Sauerstoffreduktion zu ermitteln. Die Berechnung von Geschwindigkeitskonstanten konnte anhand eines einfachen Modells der Sauerstoffreduktion für zwei Katalysatoren (Pt/C und $RuSe_x$/CNF-PL) aus solchen RRDE Daten durchgeführt werden. $RuSe_x$/CNF-PL Katalysatoren waren bisher in der Literatur nicht beschrieben. Solche Konstanten sind aus wissenschaftlicher Sicht in der Elektrokatalyse von fundamentalem Interesse und geben Einblick in die Reaktionswege.

Ergänzend wurden die Katalysatoren physikalisch und strukturell cha-rakterisiert. Der Trend, dass eine höhere Massenbeladung einen höheren Grad von Agglomeration der Partikel nach sich zieht, konnte auf bei beiden Trägermaterialien beobachtet werden. Dies hat sich in einer Abnahme der spezifischen aktiven Oberfläche, die vor allem mittels Cu-upd bestimmt wurde, bemerkbar gemacht. Erfolgreich war auch die HAADF-STEM Methode in Kombination mit EDX Analyse um die Zusammensetzung einzelner Nanopartikel zu bestimmen. Dies eröffnet die Möglichkeit, elektrochemische Aktivitäten in Relation zur Partikelzusammensetzung zu stellen und somit jene Zusammensetzung mit größter Aktivität zu bestimmen. Diese Untersuchung wurde bisher nur an einem Katalysator durchgeführt.

In Hinblick auf das eingangs erwähnte „neue Energiezeitalter" stellen Brennstoffzellen eine aussichtsreiche Technologie für ausgewählte Energiebereiche dar. Eine „Allgemeinlösung" der (zukünftigen) Energieversorgung werden sie jedoch nicht darstellen, dazu sind unter anderem die natürlichen Ressourcen an Platin oder Ruthenium (und anderen Edelmetallen) zu gering. Vor allem müssen die Überspannungen drastisch reduziert werden um höhere Leistungsdichten zu erreichen, sei es durch $RuSe_x$, Pt oder andere Katalysatoren. Denn am Ende zählt, aus rein ökonomischer Sicht, nur das Preis-Leistungsverhältnis. Brennstoffzellen besitzen aber, neben Wasser- und Windkraft, Solarenergie und Biomasse, das Potenzial zu einem wichtigen Energieerzeuger bzw. –wandler innerhalb einer nachhaltigen Energieversorgung zu werden.

9 Referenzen

[1] Europäische Union, http://europa.eu/index_de.html
[2] E. Rebhan (Hrsg.), *Energiehandbuch*, Springer, Berlin, 2002.
[3] Statistisches Amt der Europäischen Gemeinschaften, http://epp.eurostat.ec.europa.eu
[4] Intergovernmental Panel on Climate Change (IPCC), http://www.ipcc.ch
[5] K. Heinloth, *Die Energiefrage*, 2nd ed., vieweg, Braunschweig/Wiesbaden, 2003.
[6] United Nations Framework Convention on Climate Change (UNFCCC), http://unfccc.int
[7] Europäische Kommission, *7. Forschungsrahmenprogramm*, http://www.ec.europa.eu/research
[8] ITER, http://www.iter.org/index.htm
[9] European Fusion Development Agreement (EFDA), http://www.efda.org/index.htm
[10] L. Carrette, K. A. Friedrich, U. Stimming, *Fuel Cells* **1** (2001) 5.
[11] K. Kordesch, G. Simader, *Fuel Cells and Their Applications*, VCH, Weinheim, 1996.
[12] A. J. Bard, L. R. Faulkner, *Electrochemical Methods - Fundamentals and Applications*, 2nd ed., Wiley & Sons, New York, 2001.
[13] P. W. Atkins, *Physikalische Chemie*, 2nd ed., VCH, Weinheim, 1996.
[14] B. D. McNicol, D. A. J. Rand, K. R. Williams, *Journal of Power Sources* **83** (1999) 15.
[15] K. M. McGrath, G. K. S. Prakash, G. A. Olah, *J. Ind. Eng. Chem.* **10** (2004) 1063.
[16] A. K. Shukla, R. K. Raman, *Ann. Rev. Mater. Res.* **33** (2003) 155.
[17] A. S. Arico, S. Srinivasan, V. Antonucci, *Fuel Cells* **1** (2001) 133.
[18] C. H. Hamann, W. Vielstich, *Elektrochemie*, 3rd ed., Wiley-VCH, Weinheim, 1998.
[19] M. Pehnt, *Energierevolution Brennstoffzelle?*, Wiley-VCH, Weinheim, 2002.

[20] C. Lamy, J.-M. Léger, in *Interfacial Electrochemistry* (Ed.: A. Wieckowski), Marcel Dekker, New York, **1999**, pp. 885.
[21] Z. Jusys, J. Kaiser, R. J. Behm, *Electrochimica Acta* **47** (2002) 3693.
[22] A. Heinzel, V. M. Barragan, *Journal of Power Sources* **84** (1999) 70.
[23] K. Lee, O. Savadogo, A. Ishihara, S. Mitsushima, N. Kamiya, K. Ota, *J. Electrochem. Soc.* **153** (2006) A20.
[24] Z. Jusys, R. J. Behm, *Electrochimica Acta* **49** (2004) 3891.
[25] S. Wasmus, A. Kuver, *J. Electroanal. Chem.* **461** (1999) 14.
[26] O. Hasvold, H. Henriksen, E. Melvaer, G. Citi, B. O. Johansen, T. Kjonigsen, R. Galetti, *Journal of Power Sources* **65** (1997) 253.
[27] J. P. Meyers, R. M. Darling, *J. Electrochem. Soc.* **153** (2006) A1432.
[28] L. Colmenares, Z. Jusys, R. J. Behm, *Langmuir* **22** (2006) 10437.
[29] A. Lewera, J. Inukai, W. P. Zhou, D. Cao, H. T. Duong, N. Alonso-Vante, A. Wieckowski, *Electrochimica Acta* **52** (2007) 5759.
[30] D. X. Cao, A. Wieckowski, J. Inukai, N. Alonso-Vante, *J. Electrochem. Soc.* **153** (2006) A869.
[31] K. Scott, A. K. Shukla, C. L. Jackson, W. R. A. Meuleman, *Journal of Power Sources* **126** (2004) 67.
[32] P. N. Ross, in *Handbook of Fuel Cells - Fundamentals, Technology and Applications, Vol. 2* (Eds.: W. Vielstich, H. A. Gasteiger, A. Lamm), John Wiley & Sons, **2003**, pp. 465.
[33] F. H. B. Lima, W. H. Lizcano-Valbuena, E. Teixeira-Neto, F. C. Nart, E. R. Gonzalez, E. A. Ticianelli, *Electrochimica Acta* **52** (2006) 385.
[34] U. A. Paulus, A. Wokaun, G. G. Scherer, T. J. Schmidt, V. Stamenkovic, N. M. Markovic, P. N. Ross, *Electrochimica Acta* **47** (2002) 3787.
[35] N. M. Markovic, P. N. Ross, *Surface Science Reports* **45** (2002) 121.
[36] S. Mukerjee, S. Srinivasan, *J. Electroanal. Chem.* **357** (1993) 201.
[37] N. Alonso-Vante, P. Bogdanoff, H. Tributsch, *J. Catal.* **190** (2000) 240.
[38] H. Yang, N. Alonso-Vante, C. Lamy, D. L. Akins, *J. Electrochem. Soc.* **152** (2005) A704.
[39] D. A. J. Rand, R. Woods, *J. Electroanal. Chem.* **47** (1973) 353.

[40] K. Sasaki, L. Zhang, R. R. Adzic, *Physical Chemistry Chemical Physics* **10** (2008) 159.

[41] E. Guilminot, A. Corcella, F. Charlot, F. Maillard, M. Chatenet, *J. Electrochem. Soc.* **154** (2007) B96.

[42] G. Bianchi, T. Mussini, *Electrochimica Acta* **10** (1965) 445.

[43] J. M. Ziegelbauer, D. Gatewood, A. F. Gulla, D. E. Ramaker, S. Mukerjee, *Electrochemical and Solid State Letters* **9** (2006) A430.

[44] B. B. Blizanac, P. N. Ross, N. M. Markovic, *Electrochimica Acta* **52** (2007) 2264.

[45] Johnson Matthey, http://www.platinum.matthey.com

[46] T. J. Schmidt, U. A. Paulus, H. A. Gasteiger, N. Alonso-Vante, R. J. Behm, *J. Electrochem. Soc.* **147** (2000) 2620.

[47] N. Alonso-Vante, H. Tributsch, *Nature* **323** (1986) 431.

[48] N. Alonso-Vante, W. Jaegermann, H. Tributsch, W. Honle, K. Yvon, *Journal of the American Chemical Society* **109** (1987) 3251.

[49] N. Alonso-Vante, in *Handbook of Fuel Cells - Fundamentals, Technology and Applications, Vol. 2* (Eds.: W. Vielstich, H. A. Gasteiger, A. Lamm), John Wiley & Sons, Ltd., **2003**, pp. 534.

[50] O. Solorza-Feria, K. Ellmer, M. Giersig, N. Alonso-Vante, *Electrochimica Acta* **39** (1994) 1647.

[51] N. Alonso-Vante, I. V. Malakhov, S. G. Nikitenko, E. R. Savinova, D. I. Kochubey, *Electrochimica Acta* **47** (2002) 3807.

[52] V. I. Zaikovskii, K. S. Nagabhushana, V. V. Kriventsov, K. N. Loponov, S. V. Cherepanova, R. I. Kvon, H. Bonnemann, D. I. Kochubey, E. R. Savinova, *J. Phys. Chem. B* **110** (2006) 6881.

[53] F. Dassenoy, W. Vogel, N. Alonso-Vante, *J. Phys. Chem. B* **106** (2002) 12152.

[54] M. Bron, P. Bogdanoff, S. Fiechter, M. Hilgendorff, J. Radnik, I. Dorbandt, H. Schulenburg, H. Tributsch, *J. Electroanal. Chem.* **517** (2001) 85.

[55] P. K. Babu, A. Lewera, J. H. Chung, R. Hunger, W. Jaegermann, N. Alonso-Vante, A. Wieckowski, E. Oldfield, *Journal of the American Chemical Society* **129** (2007) 15140.

[56] M. Neergat, D. Leveratto, U. Stimming, *Fuel Cells* **2** (2002) 25.
[57] M. Lefevre, J. P. Dodelet, P. Bertrand, *J. Phys. Chem. B* **106** (2002) 8705.
[58] M. Lefevre, J. P. Dodelet, P. Bertrand, *J. Phys. Chem. B* **109** (2005) 16718.
[59] Y. J. Feng, T. He, N. Alonso-Vante, *Chemistry of Materials* **20** (2008) 26.
[60] A. Ishihara, K. Lee, S. Doi, S. Mitsushima, N. Kamiya, M. Hara, K. Domen, K. Fukuda, K. Ota, *Electrochemical and Solid State Letters* **8** (2005) A201.
[61] Y. Liu, A. Ishihara, S. Mitsushima, N. Kamiya, K. Ota, *Electrochemical and Solid State Letters* **8** (2005) A400.
[62] A. Damjanovic, M. A. Genshaw, J. O. Bockris, *J. Chem. Phys.* **45** (1966) 4057.
[63] T. Jacob, W. A. Goddard, *ChemPhysChem* **7** (2006) 992.
[64] J. K. Norskov, J. Rossmeisl, A. Logadottir, L. Lindqvist, J. R. Kitchin, T. Bligaard, H. Jonsson, *J. Phys. Chem. B* **108** (2004) 17886.
[65] M. H. Shao, R. R. Adzic, *J. Phys. Chem. B* **109** (2005) 16563.
[66] L. Jörissen, *Journal of Power Sources* **155** (2006) 23.
[67] A. Frumkin, L. Nekrasov, B. Levich, J. Ivanov, *J. Electroanal. Chem.* **1** (1959) 84.
[68] L. Müller, L. Nekrassow, *Electrochimica Acta* **9** (1964) 1015.
[69] N. A. Anastasijevic, V. Vesovic, R. R. Adzic, *J. Electroanal. Chem.* **229** (1987) 305.
[70] K. L. Hsueh, D. T. Chin, S. Srinivasan, *J. Electroanal. Chem.* **153** (1983) 79.
[71] D. B. Sepa, M. V. Vojnovic, A. Damjanovic, *Electrochimica Acta* **26** (1981) 781.
[72] K. L. Hsueh, E. R. Gonzalez, S. Srinivasan, *Electrochimica Acta* **28** (1983) 691.
[73] N. M. Markovic, H. A. Gasteiger, P. N. Ross, *J. Phys. Chem.* **99** (1995) 3411.
[74] M. Metikos-Hukovic, R. Babic, F. Jovic, Z. Grubac, *Electrochimica Acta* **51** (2006) 1157.
[75] N. A. Anastasijevic, Z. M. Dimitrijevic, R. R. Adzic, *Electrochimica Acta* **31** (1986) 1125.

[76] S. Duron, R. Rivera-Noriega, P. Nkeng, G. Poillerat, O. Solorza-Feria, *J. Electroanal. Chem.* **566** (2004) 281.

[77] I. V. Malakhov, S. G. Nikitenko, E. R. Savinova, D. I. Kochubey, N. Alonso-Vante, *J. Phys. Chem. B* **106** (2002) 1670.

[78] J. Prakash, H. Joachin, *Electrochimica Acta* **45** (2000) 2289.

[79] N. Alonso-Vante, H. Tributsch, O. Solorza-Feria, *Electrochimica Acta* **40** (1995) 567.

[80] C. Cremers, M. Scholz, W. Seliger, A. Racz, W. Knechtel, J. Rittmayr, F. Grafwallner, H. Peller, U. Stimming, *Fuel Cells* **7** (2007) 21.

[81] A. Racz, P. Bele, C. Cremers, U. Stimming, *J. Appl. Electrochem.* **37** (2007) 1455.

[82] P. Bele, F. Jäger, U. Stimming, *Microscopy and Analysis* **21** (2007) S5.

[83] P. Serp, M. Corrias, P. Kalck, *Applied Catalysis A: General* **253** (2003) 337.

[84] E. Auer, A. Freund, J. Pietsch, T. Tacke, *Appl. Catal. A-Gen.* **173** (1998) 259.

[85] M. T. Reetz, H. Schulenburg, M. Lopez, B. Spliethoff, B. Tesche, *Chimia* **58** (2004) 896.

[86] M. Carmo, A. R. Dos Santos, J. G. R. Poco, M. Linardi, *Journal of Power Sources* **173** (2007) 860.

[87] N. M. Rodriguez, A. Chambers, R. T. K. Baker, *Langmuir* **11** (1995) 3862.

[88] K. P. De Jong, J. W. Geus, *Catalysis Reviews-Science and Engineering* **42** (2000) 481.

[89] C. A. Bessel, K. Laubernds, N. M. Rodriguez, R. T. K. Baker, *J. Phys. Chem. B* **105** (2001) 1115.

[90] R. L. McCreery, in *Interfacial Electrochemistry* (Ed.: A. Wieckowski), Marcel Dekker, New York, **1999**, pp. 631.

[91] T. Schubert, Dissertation, Universität Bayreuth (Bayreuth), **2005**.

[92] M. Bron, P. Bogdanoff, S. Fiechter, I. Dorbandt, M. Hilgendorff, H. Schulenburg, H. Tributsch, *J. Electroanal. Chem.* **500** (2001) 510.

[93] W. Vogel, V. Le Rhun, E. Garnier, N. Alonso-Vante, *J. Phys. Chem. B* **105** (2001) 5238.

[94] N. Alonso-Vante, *Fuel Cells* **6** (2006) 182.

[95] W. Vogel, P. Kaghazchi, T. Jacob, N. Alonso-Vante, *Journal of Physical Chemistry C* **111** (2007) 3908.

[96] H. Yano, T. Akiyama, P. Bele, H. Uchida, M. Watanabe, *Physical Chemistry Chemical Physics* (submitted).

[97] P. Bele, *Microscopy and Analysis* **23** (2009) 5.

[98] P. Bele, U. Stimming, *Imaging and Microscopy* **11** (2009) 34.

[99] P. Bele, U. Stimming, in *Electron Crystallography for Materials Research and Quantitative Characterization of Nanostructured Materials, Vol. 1184* (Eds.: P. Moeck, S. Hovmoeller, S. Nicolopoulos, S. Rouvimov, V. Petkov, M. Gateshki, P. Fraundorf), Warrendale, **2009**.

[100] P. Bele, H. Uchida, K. Okaya, H. Yano, U. Stimming, M. Watanabe, *Micropscopy and Analysis* (2010).

[101] N. Benker, persönliche Mitteilung, 2004

[102] R. Hiesgen, persönliche Mitteilung, 2005

[103] M. L. Sattler, P. N. Ross, *Ultramicroscopy* **20** (1986) 21.

[104] T. Schubert, persönliche Mitteilung, 2007

[105] S. Leonardi, persönliche Mitteilung, 2007

[106] F. Zaragoza-Martin, D. Sopena-Escario, E. Morallon, C. S. M. de Lecea, *Journal of Power Sources* **171** (2007) 302.

[107] C. Christenn, G. Steinhilber, M. Schulze, K. A. Friedrich, *J. Appl. Electrochem.* **37** (2007) 1463.

[108] Grazyna Jarzabek, Zofia Borkowska, *Electrochimica Acta* **42** (1997) 2915.

[109] S. Trasatti, O. A. Petrii, *Pure and Applied Chemistry* **63** (1991) 711.

[110] T. Biegler, D. A. J. Rand, R. Woods, *J. Electroanal. Chem.* **29** (1971) 269.

[111] T. Nagel, N. Bogolowski, H. Baltruschat, *J. Appl. Electrochem.* **36** (2006) 1297.

[112] C. L. Green, A. Kucernak, *J. Phys. Chem. B* **106** (2002) 1036.

[113] C. L. Green, A. Kucernak, *J. Phys. Chem. B* **106** (2002) 11446.

[114] S. Hadzi-Jordanov, H. Angerstein-Kozlowska, M. Vukovic, B. E. Conway, *J. Phys. Chem.* **81** (1977) 2271.

[115] T. J. Schmidt, H. A. Gasteiger, G. D. Stab, P. M. Urban, D. M. Kolb, R. J. Behm, *J. Electrochem. Soc.* **145** (1998) 2354.

[116] Z. Jusys, R. J. Behm, *J. Phys. Chem. B* **105** (2001) 10874.

[117] F. C. Nart, W. Vielstich, in *Handbook of Fuel Cells - Fundamentals, Technology and Applications, Vol. 2* (Eds.: W. Vielstich, H. A. Gasteiger, A. Lamm), John Wiley & Sons, **2003**, pp. 302.

[118] D'Ans, Lax, *Taschenbuch für Chemiker und Physiker*, Springer Verlag, 1967.

[119] G. Kokkinidis, *J. Electroanal. Chem.* **201** (1986) 217.

[120] D. M. Kolb, R. Kotz, *Surface Science* **64** (1977) 698.

[121] P. Carbonnelle, L. Lamberts, *J. Electroanal. Chem.* **340** (1992) 53.

[122] Victor Climent, Roberto Gomez, Juan M. Feliu, *Electrochimica Acta* **45** (1999) 629.

[123] Z. Jusys, H. Massong, H. Baltruschat, *J. Electrochem. Soc.* **146** (1999) 1093.

[124] N. Bogolowski, T. Nagel, B. Lanova, S. Ernst, H. Baltruschat, K. S. Nagabhushana, H. Boennemann, *J. Appl. Electrochem.* **37** (2007) 1485.

[125] D. Leveratto, A. Racz, E. R. Savinova, U. Stimming, *Fuel Cells* **6** (2006) 203.

[126] H. Schulenburg, M. Hilgendorff, I. Dorbandt, J. Radnik, P. Bogdanoff, S. Fiechter, M. Bron, H. Tributsch, *Journal of Power Sources* **155** (2006) 47.

[127] V. S. Murthi, R. C. Urian, S. Mukerjee, *J. Phys. Chem. B* **108** (2004) 11011.

[128] U. A. Paulus, T. J. Schmidt, H. A. Gasteiger, R. J. Behm, *J. Electroanal. Chem.* **495** (2001) 134.

[129] G. Zehl, P. Bogdanoff, I. Dorbandt, S. Fiechter, K. Wippermann, C. Hartnig, *J. Appl. Electrochem.* **37** (2007) 1475.

[130] F. Jäger, Dissertation, TU München (München), **2007**.

[131] K. Kinoshita, *J. Electrochem. Soc.* **137** (1990) 845.

[132] M. Peuckert, T. Yoneda, R. A. D. Betta, M. Boudart, *J. Electrochem. Soc.* **133** (1986) 944.

[133] D. S. Gnanamuthu, J. V. Petrocelli, *J. Electrochem. Soc.* **114** (1967) 1036.

[134] F. Seby, M. Potin-Gautier, E. Giffaut, G. Borge, O. F. X. Donard, *Chemical Geology* **171** (2001) 173.

Die VDM Verlagsservicegesellschaft sucht für wissenschaftliche Verlage abgeschlossene und herausragende

Dissertationen, Habilitationen, Diplomarbeiten, Master Theses, Magisterarbeiten usw.

für die kostenlose Publikation als Fachbuch.

Sie verfügen über eine Arbeit, die hohen inhaltlichen und formalen Ansprüchen genügt, und haben Interesse an einer honorarvergüteten Publikation?

Dann senden Sie bitte erste Informationen über sich und Ihre Arbeit per Email an *info@vdm-vsg.de*.

Sie erhalten kurzfristig unser Feedback!

VDM Verlagsservicegesellschaft mbH
Dudweiler Landstr. 99
D - 66123 Saarbrücken

Telefon +49 681 3720 174
Fax   +49 681 3720 1749

www.vdm-vsg.de

Die VDM Verlagsservicegesellschaft mbH vertritt

Printed by Books on Demand GmbH, Norderstedt / Germany